U0266412

矩形钢管混凝土异形柱-钢梁
框架节点抗震性能及承载力计算

Research on Seismic Performace and Load-carrying
Capacity of Joints between Concrete-Filled Square Steel
Tubular Special-Shaped Columns and Steel Beams

陈 茜 著

中国建筑工业出版社

图书在版编目（CIP）数据

矩形钢管混凝土异形柱-钢梁框架节点抗震性能及承载力计算／
陈茜著 . —北京：中国建筑工业出版社，2013. 11

ISBN 978-7-112-15746-4

Ⅰ. ①矩… Ⅱ. ①陈… Ⅲ. ①矩形—钢筋混凝土柱—异形柱—
钢筋混凝土框架—抗震性能②矩形—钢筋混凝土柱—异形柱—钢筋
混凝土框架—承载力—计算 Ⅳ. ①TU375. 3

中国版本图书馆 CIP 数据核字（2013）第 197785 号

矩形钢管混凝土异形柱-钢梁框架节点抗震性能及承载力计算

Research on Seismic Performace and Load-carrying Capacity of
Joints between Concrete-Filled Square Steel Tubular Special-
Shaped Columns and Steel Beams

陈 茜 著

*

中国建筑工业出版社出版、发行（北京西郊百万庄）

各地新华书店、建筑书店经销

北京永铮有限责任公司制版

北京云浩印刷有限责任公司印刷

*

开本：787×960 毫米 1/16 印张：10¾ 字数：200 千字

2014 年 6 月第一版 2014 年 6 月第一次印刷

定价：**28. 00** 元

ISBN 978-7-112-15746-4

　　（24536）

随着房屋政策的改革，21世纪的住宅建设更强调"以人为核心"的设计。传统框架结构的梁宽与柱断面都超出墙身的厚度，影响了空间的完整性，同时也给装修带来困难和不便。矩形钢管混凝土异形柱、钢梁和组合楼板组成的矩形钢管混凝土异形柱框架结构体系，具有建筑美观、承载力高、抗震性能好、结构自重轻、施工方便等优点，特别适用于高层建筑及抗震设防高烈度地区，是一种广受欢迎的新型结构体系。本书在总结已有研究成果的基础上，主要讲述了矩形钢管混凝土异形柱-钢梁框架节点抗震性能及承载力计算方法，内容包括：文献综述、矩形钢管混凝土异形柱-钢梁框架节点低周反复加载试验、矩形钢管混凝土异形柱-钢梁节点抗震性能、矩形钢管混凝土异形柱-钢梁框架节点恢复力特性分析、矩形钢管混凝土异形柱-钢梁节点非线性有限元分析、矩形钢管混凝土异形柱-钢梁节点承载力计算等。

　　本书可供结构工程研究人员、工程技术人员参考，亦可作为土建类专业大专院校师生教学参考。

＊　　＊　　＊

责任编辑：吉万旺
责任设计：张　虹
责任校对：王雪竹　赵　颖

前　　言

　　21 世纪的住宅建设更强调"以人为核心"的设计。传统框架结构的梁宽与柱断面都超出墙身的厚度，影响了空间的完整性，同时也给装修带来困难和不便。异形柱框架结构的柱截面形式为 T、L、十形等异形截面，由于其柱肢与填充墙等厚，有效提高了房间的实际使用面积、舒适度和观感，因而在国内外各地得到了广泛应用，是一种符合现代建筑发展方向和潮流的结构形式。目前普遍采用的异形柱框架结构为钢筋混凝土异形柱框架结构，该种结构在应用中存在承载能力低、抗震性能差、施工困难等缺陷，故目前钢筋混凝土异形柱框架结构的适用范围十分有限，仅适用于抗震设防烈度较低地区的多层框架结构中。近年来在组合结构中出现了一种新型的结构形式，即由矩形钢管混凝土异形柱和钢梁组成的框架结构。该种结构不仅秉承了钢管混凝土承载力高、韧性和塑性好等优点，同时克服了钢筋混凝土异形柱结构自身的缺陷。与钢筋混凝土异形柱框架结构相比，矩形钢管混凝土异形柱-钢梁框架结构具有以下优点：（1）由于钢管对混凝土的约束作用，使得混凝土的强度提高，同时塑性和韧性性能得到改善。（2）在施工过程中钢管可作为浇灌其核心混凝土的模板，因此可节约费用，加快施工速度。（3）构件可在加工厂进行焊接，有利于实现构件标准化、技术集成化和产业化。

　　国内外历次大地震的震害表明节点是框架最易受损的部分，因此对抗震结构来说，节点的研究具有更重要的意义。然而国内外对于矩形钢管混凝土异形柱-钢梁框架节点的研究刚刚起步，因此研究该类新型节点的抗震性能及承载力对于促进结构形式的多样化，适应我国经济建设迅速发展的需要，以及普遍提高我国地震区房屋结构的抗震性能具有积极的作用。本书通过内隔板式矩形钢管混凝土异形柱-钢梁框架节点的低周反复荷载试验及非线性有限元软件 ANSYS 的模拟分析，研究节点的抗震性能，提出节点恢复力模型、受剪承载力和屈服剪力的计算公式，对于角节点给出了剪扭作用下的受剪和受扭承载力计算公式。

　　本书内容安排如下：

　　第 1 章"文献综述"，介绍钢筋混凝土异形柱结构体系、矩形钢管混凝土结构体系、异形钢管混凝土结构体系的研究概况。

第 2 章"矩形钢管混凝土异形柱 - 钢梁框架节点低周反复加载试验"，介绍试验试件的设计与制作，试验中试件的整个破坏过程，并分析试件的破坏模式。

第 3 章"矩形钢管混凝土异形柱 - 钢梁节点的抗震性能"分析节点的抗震性能，包括荷载 - 位移滞回曲线、承载能力、延性、层间位移角、耗能能力和强度、刚度退化等；通过对节点钢腹板的应力 - 应变进行分析得出节点内混凝土和钢管相互作用的规律；根据剪力流理论得出节点钢管剪力流的分布规律。

第 4 章"矩形钢管混凝土异形柱 - 钢梁框架节点恢复力特性分析"，建立节点三折线骨架曲线模型，并得出骨架曲线各个关键点的计算公式；对节点正反向卸载和加载刚度退化规律以及基于试验现象的滞回规则进行了分析，并通过回归试验数据得出骨架曲线各阶段的刚度公式。

第 5 章"矩形钢管混凝土异形柱 - 钢梁节点非线性有限元分析"，分析节点混凝土的受力分析模型、节点混凝土受柱钢管约束作用的规律、节点钢腹板的应力分布规律、组成节点的各部分在各个受力阶段的剪力及其发展规律，同时分析了轴压比和翼缘伸出长度对节点承载力及延性的影响。

第 6 章"矩形钢管混凝土异形柱 - 钢梁节点承载力计算"，提出了矩形钢管混凝土异形柱 - 钢梁框架节点抗剪承载力和屈服剪力的计算公式，对于角节点给出了剪扭作用下的受剪和受扭承载力计算公式。

在研究过程中，我的同事们以及课题组的博士研究生和硕士研究生，为我提供了无私的帮助，在此对他们表示诚挚地感谢。由于作者水平有限与时间紧迫，书中难免会有错误与不足之处，恳请读者赐正。

陈茜

2013 年 6 月

于河南科技大学

摘　　要

随着中国经济的迅速发展，异形柱结构体系得到了日益广泛的应用。异形柱结构以其独特的优越性得到了业主和房地产开发商的青睐，但是目前广泛应用的钢筋混凝土异形柱结构具有节点构造复杂、承载能力低、抗震性能差和浇筑混凝土困难等缺点，限制其在高层及高烈度区的应用。矩形钢管混凝土异形柱-钢梁框架结构是一种新型的异形柱结构，该种结构充分利用钢材和混凝土两种材料的优点，具有承载力高、韧性和塑性好等优点；同时在施工过程中钢管可作为浇灌其核心混凝土的模板，可节约费用，加快施工速度；有利于实现构件标准化、技术集成化和产业化。作为主要传力部件的节点是矩形钢管混凝土异形柱-钢梁框架结构研究的关键，目前对该类节点的研究才刚刚起步。在已有研究的基础上，本书的主要研究内容及成果概括如下：

（1）进行了矩形钢管混凝土异形柱-钢梁框架节点的低周反复荷载试验，试件包括 5 个中节点、2 个边节点和 2 个角节点，考虑的变化参数为节点类型、轴压比和柱截面肢高肢厚比。试验采用柱端加载的方式，观察了试件的受力过程及破坏形态，并分析了试件的抗震性能，包括荷载-位移滞回曲线、承载能力、延性、层间位移角、耗能能力和强度、刚度退化等。结果表明：矩形钢管混凝土异形柱-钢梁框架节点的典型破坏形态是节点核心区剪切斜压破坏、节点核心区腹板与柱翼缘连接的竖向焊缝断裂；试件滞回曲线饱满，层间位移延性系数介于 $1.44 \sim 2.74$，弹塑性极限层间位移角约为 $1/43 \sim 1/21$，等效黏滞阻尼系数介于 $0.227 \sim 0.316$；当柱截面肢高肢厚比为 3、4 时，破坏时节点核心区的剪切角约为 $0.01 \sim 0.03$，当柱截面肢高肢厚比为 2 时，破坏时节点核心区的剪切角约为 $0.08 \sim 0.1$。

（2）根据试验所得的滞回曲线和骨架曲线，用试验拟合方法建立了节点三折线骨架曲线，给出了骨架曲线各个关键点的计算公式；对节点正反向卸载和加载刚度退化规律以及基于试验现象的滞回规则进行了分析，并通过回归试验数据得出骨架曲线各阶段的刚度公式。

（3）利用非线性有限元软件 ANSYS10.0 对试验进行模拟分析，得到了试件的荷载-位移骨架曲线及各部分的应力图，计算结果与试验结果符合较好。通过对节点混凝土主应力和等效应变进行分析，得出节点核心区混凝土的斜压杆受力模型及其受柱钢管约束作用的规律，结果表明柱钢管对节点腹板肢和翼缘肢混凝土斜压杆均有约束作用，且该约束作用的大小与柱截面肢高肢厚比、节点类型和偏离柱中线距离有关。由有限元分析结果得出节点钢腹板的应力分布规律、组成节点的各部分在各个受力阶段的剪力及其发展规律，同时分析了轴压比和翼缘伸出长度对试件承载力及延性的影响，结果表明随着轴压比的增大，试件承载力逐渐提高，延性逐渐减小，特别是当轴压比大于 0.5 后，骨架曲线下降速度加剧；文中给出了翼缘伸出长度影响系数。

（4）在试验研究的基础上分析了节点核心区受到的剪力和扭矩及各特征点处各抗力元件承担的剪力，得出节点受力机理为钢桁架、主斜压杆和约束斜压杆的综合作用，并将节点域抗剪贡献分为三部分进行研究，包括节点域钢管腹板的抗剪贡献、节点域混凝土主斜压杆的抗剪贡献和约束斜压杆的抗剪贡献。根据试验结果和力学分析，推导了核心区钢腹板剪力计算公式；由虚功原理得出核心区混凝土约束斜压杆的强度计算公式；通过对试验数据和有限元结果的回归分析，得到核心区混凝土主斜压杆的强度计算公式。在此基础上提出了矩形钢管混凝土异形柱-钢梁框架节点屈服剪力和抗剪承载力的计算公式，公式不仅考虑了柱轴向压力对节点核心区实际受力状态的影响，而且考虑了钢管对混凝土的约束作用。对于角节点给出了剪扭作用下的受剪和受扭承载力计算公式。

Research on Seismic Performace and Load-carrying Capacity of Joints between Concrete-Filled Square Steel Tubular Special-Shaped Columns and Steel Beams

Abstract

With the development of China's economy, special-shaped column structural system is increasingly widespread. Special-shaped column residence is welcome for both owners and designers because of its unique advantages. But there are many weaknesses for ordinary reinforced concrete special-shaped column such as poor ductility, limited loading capacity, complicated reinforcement disposing in beam-column joints and not convenient in construction, which restrict their applications in high-rise and high-intensity area. The frame consisting of steel beam and concrete-filled square steel tubular special – shaped column is a new type of special-shaped column structural system. The composite frame fully develops the merits of steel and concrete, has the advantage of better ductility, higher loading capacity, uncomplicated reinforcement disposing and convenience in construction, resulting in achieving standardization in components, integration and industrialization in technology. The connection region as main force transfer component is key to the research of concrete-filled square steel tubular special-shaped columns and steel beams frames. Recently the research focusing on the static and seismic performance of the joint only just begun. On the basis of existing research, the following work was done to improve the joint between concrete-filled square steel tubular special-shaped columns and steel beams.

(1) 9 specimens were tested under reversed cyclic loading to investigate the failure modes and seismic behavior of the joints between concrete-filled square steel tubular special-shaped columns and steel beams. The test parameter was the type of joint, the ratio of the height to thickness of section of column and the axial compression ratio. The specimens were loaded on the end of the columns. The failure characteristics, mechanical behaviors such as the load-displacement hysteresis loops, load carrying capacity, ductility, interstory drift ratio, energy

dissipation, degeneration of strength and rigidity of the joints were analyzed. The main failures patterns of the joints are those of the shear failures of web in joint zone, and vertical weld fractures between the webs of the joints and the flanges of the columns. The hysteresis loops of the joints are in a plump-shape. The ductility factors of the story drift are between 1.44 and 2.74. The ultimate elastic-plastic story drift rotation is about $1/43 \sim 1/21$. The equivalent viscous damping coefficient is about 0.227 to 0.316, indicating that the joint has stronger energy dissipation capacity. When the ratio of height to thickness of column section is 3 and 4, the shear deformation of joint core is about 0.01 to 0.03 as the joint failed. When the ratio of height to thickness of column section is 2, the shear deformation of joint core is about 0.08 to 0.1 as the joint failed.

(2) According to the loading-displacement hysteretic curves and skeleton curves in the test results, a three-line model of skeleton curve was established, and the yielding, ultimate and damage point on skeleton curve were obtained on the basis of theoretic formulas and testing data. Based on the testing data the stiffness degradation laws for the loading and unloading stiffness and hysteretic rules of joint are analyzed. Through the regression of test data, the stiffness formula of various stages of skeleton curves was given.

(3) Simulating and analyzing the test specimens by non-linear finite element software ANSYS 10.0, the load-displacement skeleton curves and stress distribution figure were obtained. The calculation results are in good agreement with the experimental results. By analyzing the principal stress-equivalent strain of concrete in joints of specimens, it proved that compression strut mechanism was reasonable in the analysis of concrete of joints. Through the analysis of of concrete in joints of specimens, the results showed that there was confinement between the tube of column and compression strut of concrete in flange – pier wall and web-pier wall of joint. And the confinement was concerned with the ratio of the height to thickness of section of column, the type of joint and the distance deviating from the center line of column. The rule of distribution of stress of steel web of joint, the law of the shear of the composition of joint in different stages were obtained from the result. At the same time the axial compression ratio and extending length of the flange which affected the bearing capacity and ductility were further analyzed. It showed that the bearing capacity of the specimens increased and the ductility of the specimen gradually worse with the axial compression ratio

increased. Especially the deformation behavior dropped sharply when the axial compression ratio was greater than 0. 5. The influence factors of the flange extended length are presented.

(4) According to the experimental research of the joints, the shear force and torque of the resistance elements of joint on characteristic points were analyzed. The results indicate that the shear mechanism is the combination of steel truss mechanism, the main compression strut mechanism and the confined compression strut mechanism. Based on the model, the shear capacity of the connections is divided into three parts: the contribution of steel tube webs, the contribution of the main compression strut in the concrete core, the contribution of the confined compression strut in the concrete core. Based on the analysis of the experimental results, the calculating model of the shear strength of web in panel zone is established. The formula for calculation of the shear capacity of the confined compression strut in the concrete core is proposed based on the principle of virtual work. Through regression analysis of the test data and results by non-linear finite element analyzing, formulas for shear capacity of the main compression strut in the concrete core were put forward. The calculation formulas of the yield and ultimate shear capacity of the connections were established. The formulas not only take into account the effect of axial compressive force of column, but also the restriction provided by steel tube for concrete. For the corner joint under the action of shear-torsion, the shear and torsion bearing capacity formulas were also presented.

目　　录

1 文献综述

1.1 钢筋混凝土异形柱结构体系的研究概况

1.1.1 钢筋混凝土异形柱

从 20 世纪 80 年代起美国的 Cheng-Tzu[1]、印度的 Ramamurthy L. N. [2]、Mallikarjural[3]、Sinha S. N. [4]、委内瑞拉的 Joaquín Marín[5]、日本的 Oya[6]，以及香港的 Yan C Y[7] 等学者对钢筋混凝土异形柱进行了研究。从 20 世纪 90 年代起，我国学者也开展了对钢筋混凝土异形柱的研究。为研究 L 形截面框架柱的受力性能与矩形柱的差异，1999 年天津大学的巩长江、康谷贻和姚石良进行 L 形钢筋混凝土异形柱的反复加载试验[8]，结果表明 L 形柱的受拉翼缘改善了翼缘处的纵筋与混凝土的粘结性能，使得异形柱的承载力有所提高。天津大学的赵艳静通过轴向力及双向弯矩共同作用下的反复加载试验研究十字形截面钢筋混凝土柱的箍筋对混凝土的约束作用[9]，结果表明配置足够的箍筋可提高混凝土的极限压应变值，增加其延性，但混凝土强度对截面延性的影响较小。2001 年西安建筑科技大学的赵鸿铁和周建中对不等肢钢筋混凝土异形柱的试验研究[10]表明平均应变的平截面假定在不等肢 L 形截面构件中仍然适用。2002 年西安建筑科技大学的郭棣基于 4 根钢筋混凝土宽肢 T 形柱的试验数据[11]，重点分析了加载方向的变化对宽肢 T 形柱力学性能的影响，结果表明随水平受力方向的变化宽肢 T 形柱的力学性能（强度、刚度、滞回耗能特性）有较大的差异，且在破坏后期轴压比对试件的滞回性能影响较大。2002 年同济大学的李杰和吴建营对柱肢高厚比分别为 4、5 和 6 的宽肢 L 形和 Z 形截面钢筋混凝土柱进行的试验研究[12]表明异形柱的扭转变形较小；异形柱的剪力作用主要由柱腹板抵抗，且其剪切变形较大；异形柱的翼缘受压时对柱抗弯承载力贡献较大，但其对柱的抗剪承载力贡献较小。为提高异形截面柱的抗震能力，2002 年北京工业大学的曹万林进行了 12 个较小剪跨比带暗柱的十、L、T 形钢筋混凝土柱的抗震性能试验[13]，结果表明钢筋混凝土异形柱框架结构可通过加设暗柱提高其抗震能力。2005 年曹万林和黄选明对带暗柱和带交叉钢筋的 Z 形、T 形、十字形、L 形截面钢筋混凝土短柱进行了抗震性能试验研究[14]，试验结果表明带暗柱和带交叉钢筋的异形截面钢筋混凝土短柱的承载力和延性明显提高，滞回曲线相对饱满，耗能能力增强。为研究不同肢长对钢筋混凝土异形柱的承载力、刚度及延性的影响，2005 年沈阳建筑大学的陈鑫和赵成文进行了 1/3 缩尺的 4 根 T 形柱、2 根十字形柱模型试验[15]，结果表明在轴压比较大时，试件承载力、侧移刚度较大，但延性较差；随着柱子肢长的增加，试件承载力、侧移刚度随之提高。

1.1.2 钢筋混凝土异形柱框架节点

国外学者还未开展有关异形柱框架节点的研究，相比之下国内学者对钢筋混凝土异形柱框架节点进行了大量的研究。1994 年华南理工大学的冯建平和吴修文进行了 5 个 1/2 足尺钢筋混凝土 T 形截面柱框架边节点的低周反复荷载试验[16]，结果表明当梁宽大于柱腹板宽度时，处于柱腹板外的梁纵筋在节点处锚固较差。为研究异形截面柱框架节点的承载力、抗震性能与矩形柱框架节点的差异，1999 年天津大学的曹祖同等进行异形框架节点和矩形框架节点的对比研究[17]，结果表明在试验条件、节点水平截面积均相同的前提下 L 形、T 形、十形截面柱的框架节点承载能力比矩形截面柱框架节点承载能力分别低 33%、17.5% 和 8% 左右；轴压力的存在影响异形柱框架节点的承载能力，且低轴压比时起有利作用，高轴压比时起不利作用。为研究钢筋混凝土异形柱框架中间层端节点翼缘对节点受力性能的影响，2004 年重庆大学的张笛川对钢筋混凝土异形柱框架中间层边节点进行研究[18]，结果表明节点翼缘对节点的抗剪贡献具有滞后性。为改善钢筋混凝土异形柱框架节点布筋难的问题，2004 年河北理工学院的李淑春、苏幼坡和王绍杰提出在钢筋混凝土异形柱框架顶层边节点和中节点采用分散式配筋梁[19]，结果表明分散式配筋不会对 T、十形截面钢筋混凝土柱框架节点的受力性能和抗震性能带来不利影响。为研究 T 形截面钢筋混凝土柱框架节点翼缘宽度对节点抗剪性能的影响，2006 年西安建筑科技大学的马乐为对 6 个 T 形截面钢筋混凝土柱框架节点试件进行低周反复荷载试验研究[20]，得出节点区翼缘板外伸宽度对节点抗震性能有较大的影响，且节点的延性和耗能能力与轴压比、节点区的水平箍筋量和梁柱抗弯刚度比有关。为研究钢筋混凝土异形柱框架 T 形节点在低周反复荷载作用下的受力性能，2006 年华东交通大学的李荣年和徐海燕对 3 个钢筋混凝土异形柱框架 T 形节点进行了试验研究和分析[21]，结果表明该类节点在多次反复荷载作用下，由于节点腹板混凝土主要抵抗剪力作用，节点在剪切破坏后轴向压力将由翼缘承担，故节点翼缘最后的破坏形式是轴压力引起的正截面破坏。

1.1.3 钢筋混凝土异形柱框架

早在 1989 年中国建筑科学研究院工程抗震所便开展钢筋混凝土异形柱框架的研究工作[22]。1999 年东南大学的王滋军进行钢筋混凝土异形柱框架结构振动台试验[23]，结果表明结构在罕遇烈度地震作用下抗震性能良好，节点核心区无破坏，结构发生梁铰机构破坏。为研究钢筋混凝土异形截面柱框架的承载力、抗震性能与矩形钢筋混凝土柱框架的差异，1999 年福州大学的罗素蓉、郑建岚进行了两榀钢筋混凝土异形柱空间框架结构、一榀钢筋混凝土矩形柱空间框架结构的大型试验[24]，结果表明钢筋混凝土异形柱框架结构具有良好的耗能能力。砌体填充墙在钢筋混凝土异形柱框架结构中的应用是很普遍的，为研究砌体填充墙对结构抗侧刚度的贡献及其在结构抗震中起到的作用，2002 年同济大学的刘威和李杰进行了两榀异形柱框架结构（其中一榀有砌体填充墙）的低周反复对比试验[25]，结果表明异形柱框架具有较好的抗震性能，填充的砌块可显著提高框架结构的承载力、抗侧刚度和延性。为探讨 T 形截面钢筋混凝土柱框架的破坏机理，2003 年西安建筑科技大学的郭棣和吴敏哲对一单层单跨 T 形截面钢筋混凝土柱框架进行了拟静力试验研究[26]，试验结果表明与矩形钢筋混凝土柱框架相比，T 形截面钢筋混凝土柱框架的抗震性能在某些方面优于矩形钢筋混凝土柱框架。为了有效地将钢筋混凝土异形柱结构在大震作用下的弹塑性变形控制在允许范围内，2004 年沈阳建筑大学的陈鑫、赵成文、赵乃志研究通过增大异形柱肢长来提高钢筋混凝土异形柱的抗震性能[27]。2006 年南京工业大学的郭健、霍瑞丽、刘伟庆通过对一幢异形柱框架-剪力墙结构中高层住宅在不同水准地震作用下进行的弹性计算和弹塑性动力时程分析[28]，得出异形柱框架-剪力墙结构在多遇地震作用下有较强的整体刚度，该结构各项性能指标都能达到规范的要求，但在设计过程中应注意底层框架柱轴压比的控制。2006 年天津大学的王铁成、林海、康谷贻等对三榀三层两跨钢筋混凝土异形柱框架进行了拟静力试验[29]，并采用静力弹塑性分析方法对试验框架进行了理论分析和计算，结果表明适当加强异形柱框架结构底层的侧向刚度可以有效地提高整个结构的抗震性能。2006 年天津大学的汪明栋以实际工程为背景，对八度区四层异形柱住宅的一榀框架 1/3 模型进行了低周反复加载的拟静力抗震试验[30]，结果表明底层宽肢异形柱框架具有较强的承载力，耗能能力较强；由于底层宽肢柱抗侧刚度大，产生位移突变和塑性铰转移，因此在设计中应避免相邻层抗侧刚度相差过大。2007 年西安建筑科技大学的艾兵、吴敏哲和郭棣进行一榀 4 层单跨混凝土宽肢异形柱框架结构的低周反复荷载试验[31]，结果表明在柱腹板端部设暗柱并加强该处的配筋十分必要。

1.2 矩形钢管混凝土结构体系的研究进展

1.2.1 矩形钢管混凝土柱

在充分发挥各种建筑材料的性能，最大可能地节约材料的基础上，经过工程技术人员长时期的工程实践和研究体会，钢管混凝土结构应运而生。Bridge 等人在 1976 年报道了 8 根方钢管混凝土偏压长柱的试验成果[32]。1979 年，Tomii 和 Saknio 进行了不同轴压比和截面宽厚比的方钢管混凝土压弯构件的试验研究[33]。1979 年，Tomii 和 Saknio 对方钢管混凝土压弯构件荷载和变形进行试验和理论研究。1995 年，Matsui 对方钢管混凝土柱中钢管局部屈曲问题进行研究[34]。1997 年，Cederwal1 进行了 18 个方钢管高强混凝土偏压构件承载力试验研究[35]。为研究薄壁方钢管中填充混凝土对钢管力学性能的影响，1997 年 O'Shea 和 Bridge 对方形空钢管和钢管混凝土轴压短试件进行对比试验研究[36]。1999 年 Zhang 和 Shahrooz 对方钢管混凝土压弯构件的荷载-变形曲线和极限承载力进行了理论研究[37]。2000 年 Liang 通过数值分析[38]研究了方钢管混凝土柱钢管焊接残余应力和截面宽厚比对钢管的局部屈曲的影响。2001 年 Han 采用纤维模型法对方钢管混凝土压弯构件荷载-变形关系曲线进行了研究[39]。

从 20 世纪 60 年代中期钢管混凝土开始引入我国，迄今已将近半个世纪。1989 年张正国进行 18 根方钢管混凝土偏压短柱的试验研究[40]，分析了短柱在偏心荷载下的受力性能，并分别利用塑性铰理论和压溃理论讨论了强度计算问题，提出了强度承载能力计算公式和压溃荷载计算方法。1998 年李四平等在试验研究和数值计算的基础上分析了方钢管混凝土组合截面弯矩-轴力-曲率关系[41]，并利用压溃理论推导出方钢管混凝土偏压柱极限承载力的计算方法。1999 年张素梅和周明进行了 20 根方钢管混凝土轴心受压短试件的试验研究[42]，并在试验结果的基础上利用数值方法分析，提出了方钢管混凝土达到最大承载力时钢管和混凝土各自应力的计算方法，并给出了方钢管约束下混凝土抗压强度的计算公式。1999 年吕西林等进行了包括方钢管混凝土短柱、方钢管短柱以及素混凝土短柱在内的 14 个试件的轴心受压试验[43]，试验结果表明与空钢管短柱相比，钢管混凝土柱具有较好的延性；钢管的约束作用能提高方钢管混凝土短柱的承载力，方钢管混凝土短柱的延性随混凝土的强度提高而降低，随宽厚比的减小而增大。2000 年陶忠进行了 4 个大轴压比情况下方钢管混凝土轴心受压构件变形性能的试验研究[44]，并基于 ACI（1992）方法提出一种适合于长期荷载作用下方钢管混凝土构件变形的分析模型和计算方法，理论结果和试验结果基本吻合。2001年韩林海对 24 个矩形钢管混凝土轴压短柱进行试验研究[45,46]，结果表明试件轴压承载力的提高系数随截面长宽比的减小有增大趋势，延性系数随套箍系数的增大和截面长宽比的减小有增大的趋势。2002 年蒋涛报道了 4 个矩形钢管混凝土轴压短柱的试验成果[47]，试验考虑构件长宽比的影响。2003年陶忠和韩林海利用数值方法计算长期荷载作用对方钢管混凝土压弯构件的荷载-变形全过程的影响[48]，系统分析轴压比、长细比、截面含钢率、钢材和混凝土强度及荷载偏心率等因素对承载力的影响规律，并提出考虑长期荷载作用影响时方钢管混凝土压弯构件承载力折减系数的简化计算公式。2005年吕西林进行了 16 根 1/2 比例的方钢管混凝土柱在常轴力和侧向低周反复荷载作用下的试验研究[49~51]，结果表明在水平反复荷载作用下各试件的荷载-位移滞回曲线较为饱满，构件具有良好的耗能能力；随着轴压比的提高和截面长宽比的增加，试件的位移延性明显降低；沿弱轴加载的试件，虽然承载力较低、刚度较小，但在峰值后却表现出比沿强轴加载试件更稳定的滞回性能。2005 沈祖炎和黄奎生研究了矩形钢管混凝土纯弯、压弯和拉弯构件承载力计算公式，并与《矩形钢管混凝土结构技术规程》CECS159：2004中的相关内容进行了比较[52]，表明规程中的设计方法是实用有效的。

1.2.2　矩形钢管混凝土框架节点

20 世纪 90 年代起，日本就开始进行方钢管混凝土柱-钢梁节点的受力性能和连接构造的研究。1991 年，Yokoyama 等对内加强环式方钢管混凝土柱-钢梁节点的抗震性能进行了试验研究[53]。1993 年 Morino 等研究方钢管混凝土柱-钢梁组成的三维空间节点的抗震性能[54]。1994 年 Teraoka 等研究未设加强环的方钢管混凝土柱-钢梁节点的延性和耗能能力[61]。1991 ~ 1995年 Sasaki S，Teraoka M 和 Morita K 等人进行了方钢管混凝土柱-钢梁框架内隔板式节点的试验研究[55~60]，结果表明该种节点具有承载能力高，滞回性能稳定和延性好等优点。2000 年 Fujimoto 对方钢管混凝土柱-钢梁框架的内隔板和外隔板式节点进行了试验研究[61]，试验中节点承载力高于其极限强度设计值。2001 年 Kang C H 等人对十字形方钢管混凝土柱-H 型钢梁节点进行试验研究[62]，结果表明加劲肋长度的增加可显著提高节点的强度和刚度。2004 年 Ricles 等人对 T 型钢加强梁翼缘、T 型钢螺栓连接的方钢管混凝土柱-钢梁节点进行试验研究[63]，试验中两类节点均实现"强柱弱梁"的原则。2004 年 Shin KJ 等对 T 型加劲肋连接的方钢管混凝土柱-H 型钢梁节点作试验和理论研究[64]。

方钢管混凝土柱-钢梁节点的刚性连接形式可分为内隔板式、外隔板式和内外贯通隔板式，其中内隔板式节点的钢梁腹板与柱钢管壁通过连接板采用高强度螺栓连接，柱内设隔板，钢梁翼缘直接与柱钢管壁焊接或与焊在柱钢管壁上的外伸悬臂段焊接；外隔板式节点通过设置外加强环将钢管混凝土柱和钢梁翼缘、腹板相连，传递梁端弯矩和剪力；隔板贯穿式节点是在钢管柱内钢梁翼缘处设置贯通钢管壁的隔板，上、下钢管柱与隔板，钢梁翼缘与外伸隔板都采用坡口焊连接，钢梁腹板与柱钢管壁通过连接板采用高强度螺栓连接。我国研究学者对矩形钢管混凝土柱-钢梁内隔板式节点进行了大量的研究，2004 年长安大学的周天华为验证方钢管混凝土柱-钢梁框架节点的破坏特征和抗震性能[65]，进行了两组共 6 个足尺节点试件的低周反复加载试验；2005 年天津大学的王来和王铁成研究了方钢管混凝土框架结构中内隔板式节点的抗震性能[66]；2005 年同济大学的金刚通过低周反复荷载试验研究了方钢管混凝土结构内隔板式节点[67]；2006 年清华大学的聂建国和秦凯研究了方钢管混凝土柱与钢-混凝土组合梁内隔板式节点的抗震性能[68,69]；2008 年西安建筑科技大学的王先铁和郝际平研究了方钢管混凝土柱-H 型钢梁三面焊接内隔板式节点的抗震性能[70]。上述试验研究得出以下成果：（1）方钢管混凝土框架采用内隔板式节点，构造简单，传力明确，节点滞回特性稳定、刚度较大、承载力高、延性较好、吸收能量多。（2）方钢管混凝土柱-钢梁框架节点试件的位移延性及转角延性均满足抗震设计要求，节点域钢与混凝土共同工作良好，抗剪强度及刚度均很大。（3）方钢管混凝土柱与钢-混凝土组合梁连接的内隔板式节点能够有效地传递梁端传来的弯矩及剪力，该节点具有良好的滞回性能、较强的耗能能力和较高的承载力，在整个加载过程中节点的刚度退化均匀，且具有一定的变形恢复能力。（4）方钢管混凝土柱-H 型钢梁三面焊接内隔板式节点具有很好的延性和耗能能力，破坏时钢梁（内隔板未焊一端）翼缘侧面柱壁间焊缝被撕裂，隔板与柱壁未焊一侧受力约为内隔板与柱壁焊接一侧的 1/3。对于矩形钢管混凝土柱-钢梁外隔板式节点也进行了不少研究，2002 年同济大学的吕西林进行方钢管混凝土柱外置式环梁节点联结面抗剪性能试验研究[71]；2005 年天津大学的陈志华在分析方钢管混凝土柱-H 型钢梁框架三种刚接节点的构造形式和特点的基础上[72]提出了一种新型刚接节点—外肋环板节点；2006 年福州大学的韩林海研究了方钢管混凝土柱-钢梁外加强环式节点的滞回性能[73]。对矩形钢管混凝土柱-钢梁外隔板式节点的研究取得以下成果：（1）柱轴压比对方钢管混凝土柱-钢梁外隔板式节点的承载力和抗震性能影响较大，随着轴压比的增大，节点的极限承载力下降，位移延性和耗能能力降低；环板宽度对节点的承载力和抗震性能影响较小，随着环板宽度的变化节点的承载力和刚度退化不明显。（2）方钢管混凝土柱外置式环梁节点连接面传力方式可用于工程实践。（3）在方钢管混凝土柱-H型钢梁框架外肋环板节点受力机理和屈服线理论的基础上推导出节点梁翼缘受拉模型的屈服承载力计算公式。我国研究者对矩形钢管混凝土柱-钢梁隔板贯穿式节点进行的研究如下：2007年武汉大学的凡红和徐礼华通过试验研究隔板贯穿式方钢管混凝土柱-钢梁连接节点的受力机理和破坏形态[74]；2009年天津大学的陈志华为研究方钢管混凝土柱与钢梁连接的隔板贯通式节点的抗震性能[75]，对4个足尺节点试件进行了低周反复荷载试验。具体的研究成果：（1）方钢管混凝土柱-钢梁隔板贯穿式节点受力明确、传力途径清晰。（2）方钢管混凝土柱-钢梁隔板贯穿式节点滞回曲线饱满，具有较强的耗能能力；钢梁翼缘与隔板的连接构造对节点的延性、耗能能力和刚度退化影响较大；隔板的厚度、浇筑孔径和钢管的宽厚比对节点的抗震性能影响较小。

2006年兰州理工大学的王秀丽提出了非穿心暗钢牛腿方钢管混凝土梁柱节点的连接形式[76]，通过试验研究得出该种节点可用于方钢管混凝土柱-钢筋混凝土梁框架结构，并提出了进一步的改进措施。2007西安建筑科技大学的王先铁和郝际平对锚定式方钢管混凝土柱-H型钢梁节点进行了试验研究[77]，结果表明该类节点的拉力较小。2005年福州大学的宗周红进行了芯螺栓-加劲端板连接节点、缀板焊接连接节点与常规栓焊节点的抗震性能试验研究[78]，结果表明芯螺栓-加劲端板连接节点与缀板焊接连接节点的整体抗震性能要优于常规栓焊节点。2009年西安建筑科技大学对三个方钢管混凝土柱穿芯高强度螺栓-端板节点试件进行了伪静力试验和非线性有限元分析[79]，试验与计算结果表明穿心高强度螺栓-端板节点具有很好的承载力、刚度、延性和耗能能力。此外，王先铁、姚丌明、蔡健、熊维和于旭对新型方钢管混凝土框架节点开展了试验研究[80-85]。

1.2.3　矩形钢管混凝土框架

2006年福州大学的韩林海对钢管混凝土柱-钢梁框架进行试验研究[86,87]，结果表明随着轴压比的增大，框架的极限承载力下降，位移延性和耗能能力降低；随着含钢率的增大，框架的极限承载力、位移延性和耗能能力均提高。2008年内蒙古科技大学的李斌进行了两榀单跨两层矩形钢管混凝土框架结构的拟静力试验[88,89]，结果表明矩形钢管混凝土框架结构承载力高，滞回曲线饱满，有较好的变形能力和稳定的后期承载力；在同等条件下钢管混凝土框架结构的受力性能和抗震性能明显优于钢筋混凝土框架和钢框架结构。2002 年山东科技大学的王来通过对一榀两跨三层的方钢管混凝土组合框架在低周反复荷载作用下的模型试验[90,91]，研究了方钢管混凝土组合框架的滞回性能，结果表明方钢管混凝土框架的滞回曲线饱满，框架的延性好、耗能能力强。2010 年西安建筑科技大学的王先铁为了研究采用穿芯高强螺栓-端板节点的方钢管混凝土框架的抗震性能[92]，对方钢管混凝土柱-钢梁框架结构进行了抗震性能试验研究，结果表明框架试件的强度和刚度退化较为平缓，具有较强的抗侧移能力。

1.3　异形钢管混凝土结构体系的研究概况

1.3.1　钢管混凝土异形构件

近年来，异形截面钢管混凝土柱已成功应用于广州新中国大厦、广州市名汇商城、江门中旅大厦等工程中，避免了结构产生肥梁肥柱、房间出现棱角，有利于建筑布局，显示出良好的发展前景。同济大学、长江大学进行了 T 形、L 形钢管混凝土柱抗震性能研究，华南理工大学提出了带约束拉杆的 T 形、L 形钢管混凝土柱，并进行一系列力学性能试验研究。其中对于 T 形、L 形钢管混凝土柱进行的轴心受压试验研究如下：2008 年长江大学的杜国锋进行了 6 个钢管混凝土 T 形短柱试件的轴心受压试验[93]，试件的参数为肢厚、肢宽、管壁厚度和腹板宽度，试验研究了试件的破坏形态，承载力和变形，并分析各参数对试件轴心受压力学性能的影响。为解决 T 形、L 形钢管混凝土柱在加工过程中截面几何形状难以准确控制的困难，2008 年杜国锋提出将两根方形钢管直接焊接形成钢管混凝土组合 T 形或 L 形柱[94]，简称钢管混凝土组合 T 形柱，并进行了 10 组共 20 个试件的组合 T 形短柱的轴心受压试验，主要考察约束效应系数 ξ、腹板宽度、长径比等参数对试件力学性能的影响。2009 年杜国锋对 T 形截面钢管混凝土构件进行了抗剪性能试验研究[95]，试件的设计参数为轴压比、剪跨比和套箍指标，并推导出 T 形截面钢管混凝土构件的受剪承载力计算公式。2009 年同济大学的沈祖炎和林震宇进行了 4 个 L 形钢管混凝土轴压短柱试件和 6 个偏压试件的试验研究[96]，试件的参数为截面宽厚比、长宽比、偏心率、长细比和轴压比。具体的研究成果：（1）钢管核心混凝土受钢管阴角部位的约束作用很小；管壁厚度对试件承载力影响较大，随着管壁厚度的增加，试件极限承载力增大，荷载-纵向应变曲线下降段也相应变得更加平缓，试件延性增强；增加腹板宽度、肢厚可以提高试件极限承载力，其中增加腹板宽度提高效果更明显。（2）钢管混凝土组合 T 形柱在整个加载过程中，由焊缝连接的两个矩形钢管均匀受力，变形协调，没有出现焊缝开裂和钢管剥离的现象，能很好地协同工作；随管壁厚度增大，试件的极限承载力提高，后期承载能力增强。（3）钢管混凝土组合T形截面构件在剪力作用下的破坏形态随剪跨比的大小分为剪切型破坏、弯剪型破坏和弯曲型破坏三种；轴向压力的存在只改变试件屈服荷载和极限荷载的大小，不改变试件的破坏形态；试件的受剪承载力受轴压比、套箍指标和剪跨比的影响，随试件轴压比和套箍指标的提高，其受剪承载力增大，随试件剪跨比的提高，其受剪承载力减小。（4）L形钢管混凝土轴压短柱试件破坏形态主要为压皱破坏，试件达到极限荷载后钢管各面都出现明显的鼓曲，混凝土开裂膨胀，试件的荷载-位移曲线形成一个较长的平台段，表明L形钢管混凝土轴压短柱具有一定的延性。（5）L形钢管混凝土偏压试件的侧向挠度在加载过程中不断增加，且试件最终由于稳定的丧失而破坏。对于T形、L形钢管混凝土柱进行的低周反复荷载试验研究如下：（1）2005年同济大学的吕西林和王丹对T形、L形钢管混凝土柱进行试验研究[97]，试验主要考虑轴压比、钢管壁厚、内填混凝土强度对T形、L形钢管混凝土柱承载力和延性的影响。（2）2009年同济大学的沈祖炎和林震宇进行了6根L形钢管混凝土构件滞回性能的试验[98]，试件以轴压比、钢管截面宽厚比和长宽比等因素为主要变量。具体的研究成果：（1）T形、L形柱的破坏模式为腹板受压钢板开裂或外鼓、钢板屈曲部位混凝土压碎；试件的极限荷载和延性均受轴压比、钢管壁厚的影响，T形钢管混凝土柱极限荷载提高的幅度随轴压比的增加而减小，其极限荷载随钢管壁厚增加而提高，其延性随轴压比的增加而下降；L形柱极限荷载随轴压比的增加而降低，随钢管壁厚增加而提高，其延性随轴压比的增加而下降。（2）L形钢管混凝土试件在水平荷载往复作用下的荷载-位移滞回曲线都是饱满的梭形，表明其具有良好的抗震能力；试件破坏形态主要为鼓曲破坏，在试件底部沿高度方向的各面均形成鼓曲波形，钢管向外鼓出的部分核心混凝土已严重压碎。

与圆形钢管混凝土相比，矩形钢管混凝土的钢管对核心混凝土的约束作用要小，其约束作用主要存在于钢管的四个角部，而在四个边处则相对较弱，承载力相对要低，针对这一缺点，许多学者曾提出过一些改善普通异形钢管混凝土柱力学性能的措施，Knowles R B和Park R.提出在钢管内壁焊接纵向钢板条[99、100]，Huang C S和Yeh Y K提出在钢管角部焊接系杆[101]，Xiao Yan提出在钢管内部加配横向箍筋来提高异形钢管混凝土柱的极限承载力和延性[102]，均取得了较好的效果。华南理工大学的蔡健提出在矩形钢管混凝土构件的长边设置约束拉杆，并通过对核心高强钢管混凝土柱、劲性钢管混凝土组合柱和带约束拉杆矩形钢管混凝土柱轴压性能的研究，得出钢管混凝土柱的轴心受压机理和带约束拉杆矩形钢管混凝土的本构关系[103~118]。在以上研究的基础上 2008 年蔡健在 L 形钢管混凝土柱中设置约束拉杆，并对 7 根轴向压力作用下 L 形钢管混凝土短柱（6 根带约束拉杆，1 根无约束拉杆）进行试验研究[119、120]，试件参数为钢板厚度、约束拉杆的直径和水平间距，结果表明在普通 L 形钢管混凝土短柱中合理地设置约束拉杆，钢管壁的局部屈曲可得到有效地延缓，钢管对核心混凝土的约束效应得到明显改善，试件的极限承载力和延性得到显著提高；通过确定约束拉杆适当的水平间距，带约束拉杆 L 形钢管混凝土短柱极限承载力和延性均得到显著提高。此外，陈宝春对钢管混凝土哑铃形构件进行了试验和理论研究[121~126]；陈志华和王秀丽对十字形截面方钢管混凝土组合异形柱和节点开展试验研究[126~128]。

1.3.2　钢管混凝土异形柱框架节点

目前，对矩形钢管混凝土异形柱-钢梁框架节点的研究才刚刚起步。同济大学[96]对 6 个平面框架和 3 个空间框架中的角节点试件进行了拟静力试验研究[97]，节点设计成隔板贯通式，结果表明大部分试件都是梁端形成塑性铰而破坏，所有试件的滞回曲线饱满，具有良好的塑性变形能力和耗能能力，且轴压比越大，其滞回曲线越饱满；节点的承载力与梁高成正比，与轴压比成反比；同一循环位移下各循环强度和刚度均没有明显的退化现象；试验结果中平面框架节点的核心区剪力-应变曲线基本都呈线性变化，没有进入塑性。

1.3.3　钢管混凝土异形柱框架

从现有文献来看，仅同济大学完成了 4 个 1/2.5 缩尺比例 L 形钢管混凝土空间框架抗震性能试验[98]，研究表明试验框架模型的滞回曲线基本上呈饱满的梭形，说明异形钢管混凝土框架具有良好的塑性变形能力和滞回耗能能力；曲线上"捏缩效应"不明显，主要因为钢管对内部核心混凝土具有约束作用，核心混凝土开裂、压碎不会引起框架侧向刚度的突变；随着轴压比的增大，框架的水平极限承载力变化较小，位移延性降低。

1.4　本书的主要工作

在总结已有研究成果的基础上，本书主要完成了以下工作：

（1）进行了矩形钢管混凝土异形柱-钢梁框架节点的低周反复荷载试验，观察了试件的受力过程及破坏形态，并分析了试件的抗震性能，包括荷载-位移滞回曲线、承载能力、延性、层间位移角、耗能能力和强度、刚度退化等。通过对节点钢腹板的应力-应变进行分析得出节点内混凝土和钢管相互作用的规律。根据剪力流理论得出节点钢管剪力流的分布规律。

（2）根据试验所得的滞回曲线和骨架曲线建立节点三折线骨架曲线模型，并得出骨架曲线各个关键点的计算公式；对节点正反向卸载和加载刚度退化规律以及基于试验现象的滞回规则进行了分析，并通过回归试验数据得出骨架曲线各阶段的刚度公式。

（3）利用非线性有限元软件 ANSYS10.0 对本次试验进行了模拟分析，得到试件的荷载-位移骨架曲线及各部分的应力图，计算结果与试验结果符合较好。通过对节点混凝土主应力进行分析得到节点混凝土的受力分析模型；在节点混凝土最小主应力-等效应变分析的基础上得到节点混凝土受柱钢管约束作用的规律；同时获得节点钢腹板的应力分布规律、组成节点的各部分在各个受力阶段的剪力及其发展规律，分析了轴压比和翼缘伸出长度对试件承载力及延性的影响，文中给出了翼缘伸出长度影响系数。

（4）在试验研究的基础上结合有限元分析结果得出节点受力机理为钢桁架、主斜压杆和约束斜压杆的综合作用。根据试验结果和力学分析，推导了核心区钢腹板剪力计算公式；由虚功原理得出核心区混凝土约束斜压杆的强度计算公式；通过对试验数据的回归分析，得到核心区混凝土主斜压杆的强度计算公式；在此基础上提出了矩形钢管混凝土异形柱-钢梁框架节点抗剪承载力和屈服剪力的计算公式。对于角节点给出了剪扭作用下的受剪和受扭承载力计算公式。

2 矩形钢管混凝土异形柱‐钢梁框架节点低周反复加载试验

与钢筋混凝土异形柱框架节点相比，矩形钢管混凝土异形柱‐钢梁框架节点具有以下显著优点：（1）由于节点区内无钢筋，不存在节点区钢筋拥挤的情况。（2）充分发挥钢管和混凝土两种材料的优势，由于钢管的约束作用，混凝土的强度提高，塑性和韧性性能大为改善；通过混凝土的支撑作用钢管避免或延缓发生局部屈曲。（3）节点区的钢管和钢梁可以在工厂中提前加工并焊接在一起，在施工现场将加工好的构件吊装到指定位置后进行连接，同时在浇灌核心混凝土的过程中焊接成形的钢管可作为模板，因此可节约成本，加快施工速度。为研究矩形钢管混凝土异形柱‐钢梁框架节点的破坏特征和抗震性能，进行了5个中节点、2个边节点和2个角节点的低周反复荷载试验，为矩形钢管混凝土异形柱‐钢梁框架节点力学性能的研究和设计提供试验参考。

2.1 试验设计

由于节点在强烈地震作用下，往往发生核心区剪切破坏，因此节点的剪切破坏研究是一个重要的课题[129]。本试验将围绕节点的抗剪问题展开研究，主要包括梁柱节点核心区的性能（抗剪强度、剪切变形、延性和耗能等）和节点恢复力特性（强度退化、刚度退化和非线性分析），为节点受力机理的理论研究提供试验依据。试验设计成"弱节点‐强构件"的模式，即节点先发生破坏。

本试验的具体研究内容如下：

（1）通过矩形钢管混凝土异形柱‐钢梁框架节点试件的低周反复荷载试验，研究节点的破坏过程、破坏形态和破坏机理。

（2）以节点类型、轴压比和柱截面肢高肢厚比为变化参数，对各类节点的抗震性能（包括破坏模式、滞回性能、延性及耗能能力、强度退化和刚度退化规律等）进行对比分析，并分析其影响因素。

（3）通过对试验结果的回归分析，得出节点在地震作用下的恢复力模型。

（4）为完善矩形钢管混凝土异形柱-钢梁框架节点的抗剪设计内容，同时为矩形钢管混凝土异形柱-钢梁框架结构的整体受力性能分析提供基本参数，本文在研究节点受力特点、破坏机理的基础上，结合试验结果和理论分析，建立节点的受剪承载力计算公式。

为研究不同的节点类型、轴压比和柱截面肢高肢厚比对矩形钢管混凝土异形柱-钢梁框架节点抗震性能和承载力的影响，试验设计了 3 组试件（2个边节点试件 TJ1、TJ2，2 个角节点试件 LJ1、LJ2，5 个中节点试件 +J1 ~ +J5）。为使试验模拟实际框架的边界条件，试验单元选自多层框架在水平荷载作用下梁柱反弯点之间的一个平面组合体，柱子反弯点取在楼层中部，梁的反弯点取在梁跨中部。异形柱节点的缩尺比为 1/2，所有试件的肢厚均为 120mm，试件的几何尺寸见图 2.1，其中柱反弯点之间的距离为 1500mm，梁反弯点到梁柱交接处的距离为 1200mm。钢梁采用工字梁，柱钢管由钢板焊接而成，节点的设计参数见表 2.1，节点采用我国《矩形钢管混凝土结构技术规程》CECS 159:2004[130]推荐的内隔板式连接形式。钢梁与柱采用全焊连接，柱钢管通过带垫板坡口熔透焊缝与钢梁翼缘、内隔板进行焊接。试件柱截面配钢形式如图 2.2 所示。

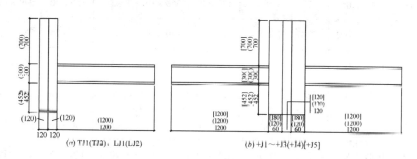

图 2.1　试件几何尺寸

Fig. 2.1　Geometry of specimens

由于本试验围绕节点的抗剪问题展开研究，故应保证试件节点不发生弯曲破坏，并且节点核心区剪切破坏之前梁、柱不出现塑性铰。本试验在试件设计时通过增加柱翼缘的钢板厚度加强柱的受弯承载力，如图 2.2 中阴影部分所示。中节点试件柱翼缘均与钢梁焊接，边节点、角节点试件只有一侧柱翼缘与钢梁焊接，故在表 2.1 中规定与钢梁焊接的柱翼缘为柱翼缘Ⅰ，未与钢梁焊接的柱翼缘为柱翼缘Ⅱ。本文规定，和梁相连的柱肢称为腹板肢，另一肢称为翼缘肢，核心区是指梁和柱交汇的区域（包括腹板肢和翼缘肢）。

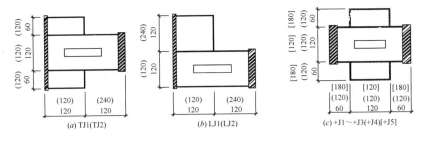

图 2.2　柱截面配钢形式

Fig. 2.2　Steel layout of columns section

表 2.1　试件设计参数

Table 2.1　Experimental parameters of specimens

试件编号	柱						节点区	梁	
	柱截面形状	轴压比 n	柱截面肢高肢厚比	柱钢管腹板（mm）	柱钢管翼缘Ⅰ（mm）	柱钢管翼缘Ⅱ（mm）	内隔板厚度（mm）	钢梁翼缘（mm）	钢梁腹板（mm）
TJ1	T形	0.2	2	210×4	120×20	240×10	30	120×25	250×10
TJ2	T形	0.2	3	330×4	120×20	360×10	35	120×30	240×10
LJ1	L形	0.2	2	210×4	120×20	240×10	30	120×25	250×10
LJ2	L形	0.2	3	330×4	120×20	360×10	35	120×30	240×10
+J1	+形	0.2	2	208×4	120×16		20	120×16	268×10
+J2	+形	0.26	2	208×4	120×16		20	120×16	268×10
+J3	+形	0.32	2	204×4	120×18		20	120×16	268×10
+J4	+形	0.2	3	328×4	120×16		25	120×20	260×10
+J5	+形	0.2	4	448×4	120×16		35	120×30	240×10

注：$n = N/[f_c(A_c + \alpha_E A_{ss})]$，$N$ 为轴压力，f_c 为混凝土轴心抗压强度，A_c、A_{ss} 分别为柱截面中混凝土和钢管的截面面积，$\alpha_E = E_{ss}/E_c$，E_{ss}、E_c 分别为钢板和混凝土的弹性模量。

节点采用内隔板式连接形式有以下原因：（1）矩形钢管混凝土异形柱-钢梁框架结构不允许柱楞凸角出现，故不能设置凸出柱截面的加劲肋，如外肋环板式。（2）节点核心区包括腹板肢和翼缘肢两部分，而腹板肢和翼缘肢沿柱纵向不在同一个平面内，故不能设置纵向加劲肋。（3）Masaru T.，Koji M. 和 Satoshi Sasaki 等人[131]研究发现，内隔板式连接有足够的承载能力，稳定的滞回特性和良好的延性，适合于结构抗震。由于在试验中试件节点承受着柱传来的荷载以及单方向梁传来的内力，故在与钢梁连接的节点核心区内设置内隔板，而未与钢梁连接的节点核心区内未设置内隔板。

2.2　试件的制作

矩形钢管柱和钢梁在专业的钢构公司加工，所有试件节点区的钢管、内隔板、钢梁在工厂中提前加工并焊接在一起，在施工现场把梁柱骨架吊装到指定的位置进行固定，最后浇筑试件柱中的混凝土。以试件 TJ1、+J1 和 LJ1 为例对试件的制作过程进行说明，试件的连接构造如图 2.3 所示，其中试件 TJ1 的钢管柱由钢板①、②、③、④和挤压成型纵向钢板⑤、⑥通过角焊缝拼接构成；试件 +J1 的钢管柱由钢板①、②、③、④和挤压成型纵向钢板⑤、⑥通过角焊缝拼接构成；试件 LJ1 的钢管柱由钢板①、②、③、④和挤压成型纵向钢板⑤通过角焊缝拼接构成。在焊接钢管骨架的同时，在节点核心区和钢梁翼缘板对应的高度处焊接上、下内隔板，内隔板同样通过带垫板的坡口焊缝和竖向钢板①、②、③、④进行焊接连接，内隔板上应设置混凝土浇筑孔。试件 TJ1 和 LJ1 的钢梁翼缘通过带垫板的坡口焊缝和纵向钢板②进行焊接连接，钢梁腹板通过角焊缝和竖向钢板②进行焊接连接；试件 +J1 的钢梁翼缘通过带垫板的坡口焊缝分别和纵向钢板①、②进行焊接连接，钢梁腹板通过角焊缝和竖向钢板①、②进行焊接连接。

本试验钢材除 4mm 厚钢板为 Q235 外，其余厚度的钢板均为 Q345，根据现行国家标准《金属材料室温拉伸试验方法》[132] GB/T 228—2002 和《钢及钢产品力学性能试验取样位置及试样制备》[133] GB/T 2975—1998 的有关规定，共制作了 7 组试样，每组 3 个，所有试样均与试件采用同一批钢材，同期制作。16mm 厚钢板和 30mm 厚钢板试样尺寸见图 2.4，钢板的材性试验结果见表 2.2。

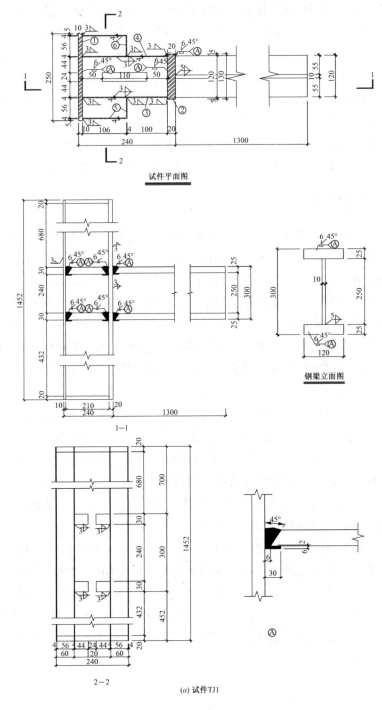

试件平面图

钢梁立面图

1—1

2—2

(a) 试件TJ1

图2.3 试件的连接构造（一）

Fig. 2.3 Connection construction of specimen（1）

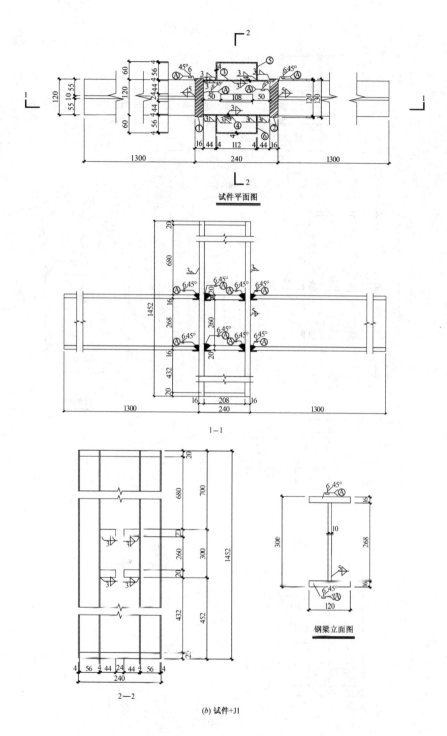

试件平面图

1—1

2—2

(b) 试件+J1

钢梁立面图

图2.3　试件的连接构造（二）

Fig. 2.3　Connection construction of specimen（2）

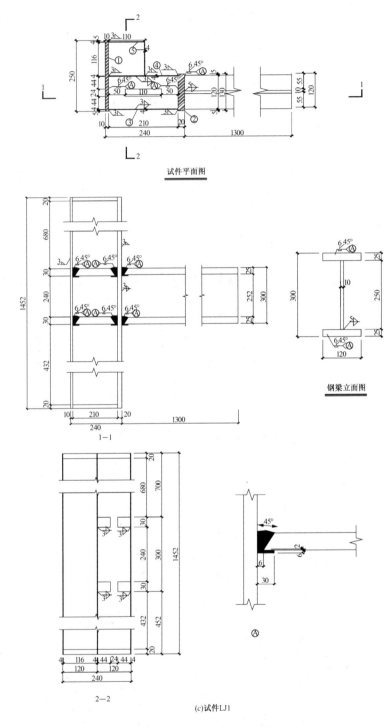

试件平面图

钢梁立面图

1—1

2—2

(c)试件LJ1

图 2.3　试件的连接构造（三）

Fig. 2.3　Connection construction of specimen（3）

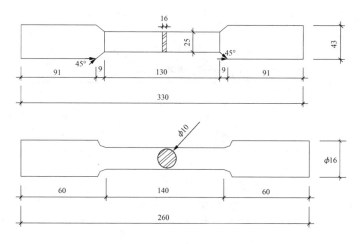

图 2.4　材性试验试样尺寸图

Fig. 2.4　Size of specimen in material property test

表2.2　材性试验结果

Table 2.2　Experimental results of material properties

板厚 t（mm）	屈服强度值 f_y（MPa）	屈服应变 ε_y（$\mu\varepsilon$）	极限强度 f_u（MPa）	弹性模量 E_s（10^5MPa）	伸长率 δ（%）
4	284	1333	419	2.13	39.1
16	354	1806	524	1.96	33.5
18	378	1956	540	1.93	31
20	398	2142	577	1.86	30.8
25	377	1863	555	2.02	32.2
30	370	1745	532	2.12	30.7
35	302	1515	486	1.99	31.6

　　试件的混凝土采用商品混凝土，一次浇筑完成，采用自然养护。考虑到试件节点内隔板的混凝土浇筑孔尺寸较小，为保证混凝土的浇筑质量，商品混凝土中的粗骨料采用豆石，参考现行国家标准《混凝土结构试验方法标准》[134]，与试件在相同的自然养护条件下，预留 3 组 150mm × 150mm × 150mm 立方体标准试块。混凝土按 C30 配制，配合比如表 2.3 所示。预留试块参照现行国家标准《普通混凝土力学性能试验方法》[135]进行试验，预留试块的实测强度见表 2.4，表中的轴心抗压强度、弹性模量和抗拉强度，

均由实测的立方体抗压强度换算求出[136]。

表 2.3　混凝土配合比（kg）

Table 2.3　Mixing proportion of concrete

水泥	粉煤灰	砂子	石子	外加剂	水
340	80	632	1135	8.6	170

表 2.4　混凝土材料性能

Table 2.4　Properties of concrete

立方体抗压强度 f_{cu}（MPa）	轴心抗压强度 f_c（MPa）	轴心抗拉强度 f_t（MPa）	弹性模量 E_c（MPa）
43	32.68	3.13	33256

2.3　加载及量测装置

在考虑试验方案时，重要的问题在于使试件中的应力状态与实际结构受载时的应力状态相一致，使加载装置符合结构的受力边界条件。现取实际框架结构中上下柱反弯点之间的构件进行分析，当作用水平荷载时上柱反弯点可视为水平可移动的铰，相对于上柱反弯点，下柱反弯点可视为固定铰，而节点两侧梁的反弯点可视为水平可移动的铰。为模拟边界条件，可以有两种加载方案：一种是采用在柱端施加水平荷载或位移的方案如图2.5（a）所示，在水平力的作用下框架产生层间位移 δ，由于位移 δ 引起柱子产生剪力 V_{col}，构件的变形如图中虚线所示，这时梁能左右移动而上下受到约束，因此梁中将产生剪力和弯矩，该种边界条件是比较符合实际结构中受力状态的。另一种加载方案是将柱子保持垂直状态如图2.5（b）所示，而在梁自由端施加反复荷载或位移，该种边界条件使上、下柱反弯点为不动铰，梁反弯点为自由端。两种方案的主要差别在于后者忽略了柱子位移时的 $P\text{-}\delta$ 效应。为模拟节点在地震中的实际受力情况，试验采用柱端加载的方式，加载装置如图2.6所示。

水平加载装置采用MTS793电液伺服程控结构试验系统，柱顶水平往复荷载由1000kN电液伺服作动器施加，竖向轴力由1500kN油压千斤顶在柱顶施加。试验时首先在柱顶施加竖向荷载至设计值，然后在柱顶施加低周水平反复荷载。施加水平反复荷载时为使千斤顶能够随柱顶实时水平移动，需在千斤顶与反力梁之间设置滚轮装置。加载时通过油压千斤顶在柱顶施加竖向荷载至设计值保持不变，并保证梁端力传感器中的力为零，通过数据采集仪记录初始数据。反复荷载的加载方式：弹性阶段采用力控制，每级荷载增量约40kN并循环1次；当节点区钢管壁应变达到屈服应变后，采用位移控制，并以此时的加载位移作为屈服位移，以屈服位移的倍数逐级递增，每级位移下循环3次，直到荷载下降到极限荷载的70%左右结束试验。

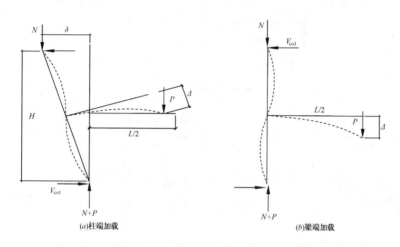

图 2.5 荷载模拟

Fig. 2.5 Load simulation

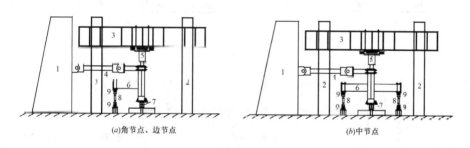

图 2.6 加载装置示意图

Fig. 2.6 Test set – up

1—反力墙；2—反力架；3—反力梁；4—MTS 电液伺服作动器；

5—油压千斤顶；6—异形柱节点试件；7—柱底单向铰支座；

8—力传感器；9—梁端单向铰支座

为考察节点核心区抗剪强度情况，在节点核心区粘贴电阻应变花，为测定梁端、柱端应力，在梁端、柱端粘贴电阻应变片如图2.7所示。为考察节点核心区抗剪强度及其变形情况，在核心区对角线上架设电子百分表以测得节点的剪切变形，在梁端、柱端分别布置电子位移计和百分表以量测各部位的变形如图 2.8 所示，试验数据由 TDS‐602 数据采集仪记录。

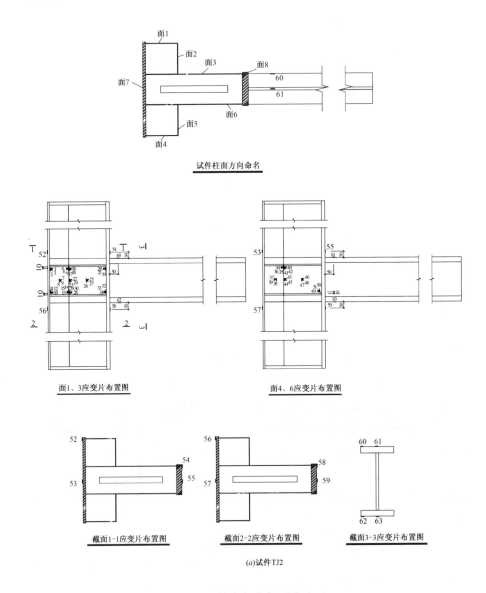

图 2.7　试件应变片布置图（一）

Fig. 2.7　Distribution of gage of specimen（1）

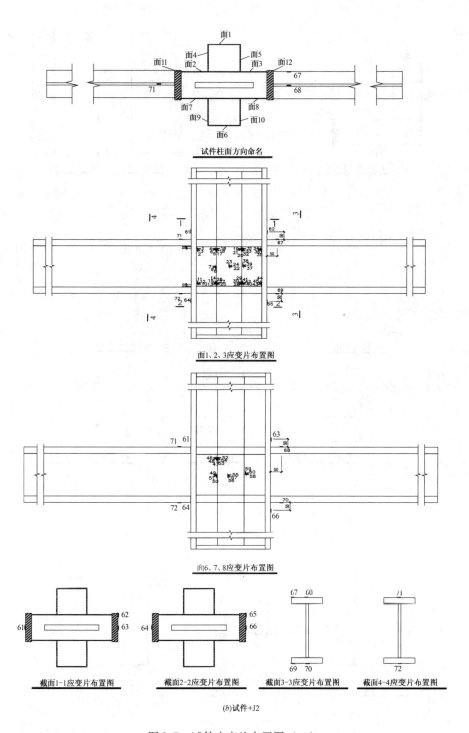

图 2.7　试件应变片布置图（二）

Fig. 2.7　Distribution of gage of specimen（2）

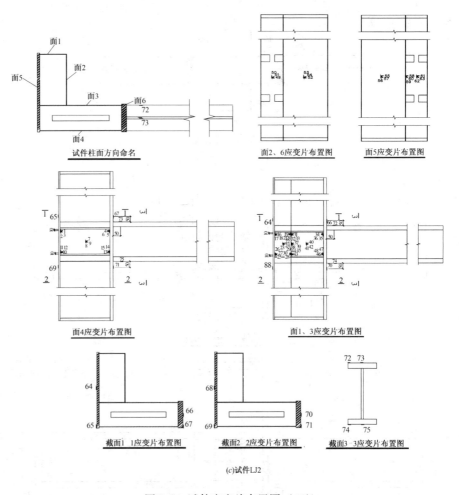

試件柱面方向命名　　　　　面2、6应变片布置图　　面5应变片布置图

面4应变片布置图　　　　　　　　面1、3应变片布置图

截面1-1应变片布置图　　截面2-2应变片布置图　　截面3-3应变片布置图

(c)试件LJ2

图 2.7　试件应变片布置图（三）

Fig. 2.7　Distribution of gage of specimen（3）

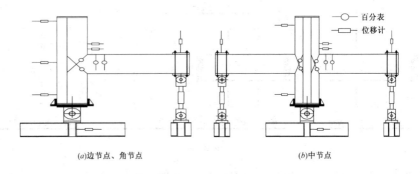

(a)边节点、角节点　　　　　　　　　(b)中节点

图 2.8　测量装置布置图

Fig. 2.8　Arrangement of measuring units

2.4 试验过程描述

（1）试件+J1

为便于描述，规定加载时以推为正，以拉为负。试件+J1的加载破坏过程：①首先按荷载控制模式进行加载，荷载为-135～145kN时，荷载-柱顶位移关系基本呈直线，表明节点在弹性范围内工作。②加载至第一级位移（位移为22mm和-24mm）时，荷载达到221kN和-206kN，构件刚度出现明显下降，节点腹板肢钢腹板90%应变花测得的应变数据超过材料的屈服应变，节点进入屈服阶段，此后采用位移控制模式进行加载。③加载至第三级位移（位移为42mm和-45mm）时，荷载达到275kN和-265kN，节点分别达到正向、负向极限承载力，节点腹板肢钢腹板出现明显屈曲变形。④此后节点的承载力开始下降，加载至第四级位移（位移为52mm和-55mm）时，荷载达到254kN，柱腹板与柱翼缘的竖向连接焊缝（以下简称柱腹板焊缝）从内隔板处开裂；之后裂缝会不断加宽，并沿柱翼缘向上、下延伸。⑤试件破坏时（正反向水平承载力均已下降至最大承载力的85%以下）水平位移分别达到69mm和-68mm，如图2.9所示，此后将试件水平位移加至负向75mm，试验加载结束。

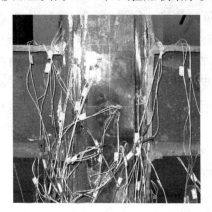

图2.9 试件+J1破坏形态

Fig. 2.9 Failure mode of +J1

（2）试件+J2

试件+J2的加载破坏过程：①首先按荷载控制模式进行加载，荷载为-120～121kN时，荷载-柱顶位移关系基本呈直线，表明节点在弹性范围内工作。②加载至第一级位移（位移为20mm和-22mm）时，荷载达到211kN和-202kN，构件刚度出现明显下降，节点腹板肢钢腹板90%应变花测得的应变数据超过材料的屈服应变，节点进入屈服阶段，此后采用位移控制模式进行加载。③加载至第二级负向位移（位移为 −32mm）时，荷载达到负向极限承载力 −252kN；加载至第三级正向位移（位移为 40mm）时，荷载达到正向极限承载力 268kN，节点腹板肢钢腹板出现明显屈曲变形。④此后节点的承载力开始下降，当荷载降至 −219kN 时（位移为 −36mm），柱腹板与柱翼缘在内隔板处下侧竖向连接焊缝开裂；当荷载降至 248kN 时（位移为 45mm），与上述焊缝相对一侧的竖向连接焊缝开裂，且在内隔板与钢梁连接处的节点钢腹板凹陷；加载至第四级位移，荷载降至 −224kN 时（位移为 −52mm），柱腹板与柱翼缘在内隔板处的竖向裂缝拉通。⑤试件破坏时水平位移分别达到 54mm 和 −56mm，此后将试件水平位移加至负向 60mm，试验加载结束。

（3）试件 +J3

试件 +J3 的加载破坏过程：①首先按荷载控制模式进行加载，荷载为 −142～143kN 时，荷载-柱顶位移关系基本呈直线，表明节点在弹性范围内工作。②加载至第一级位移（位移为 21mm 和 −23mm）时，荷载达到 214kN 和 −229kN，构件刚度出现明显下降，节点腹板肢钢腹板 90% 应变花测得的应变数据超过材料的屈服应变，节点进入屈服阶段，此后采用位移控制模式进行加载。③加载至第二级负向位移（位移为 −32mm）时，荷载达到负向极限承载力 −257kN；加载至第三级正向位移（位移为 40mm）时，荷载达到正向极限承载力 260kN，节点腹板肢钢腹板出现明显屈曲变形。④此后节点的承载力开始下降，当荷载降至 −241kN 时（位移为 −43mm），柱腹板与柱翼缘在内隔板处的一侧竖向连接焊缝开裂；加载至第四级位移，荷载降至 226kN 时（位移为 51mm），柱腹板与柱翼缘在内隔板处的两侧竖向连接焊缝均开裂；加载至第五级位移，荷载降至 179kN 时（位移为 60mm），裂缝沿柱翼缘向上、下延伸，可透过裂缝清楚看到节点内混凝土。⑤试件破坏时水平位移分别达到 52mm 和 −53mm，此后将试件水平位移加至负向 63mm，试验加载结束。

（4）试件 +J4

试件 +J4 的加载破坏过程：①首先按荷载控制模式进行加载，荷载为 −160～164kN 时，荷载-柱顶位移关系基本呈直线，表明节点在弹性范围内工作。②加载至第一级位移（位移为 24mm 和 −28mm）时，荷载达到 306kN 和 −288kN，构件刚度出现明显下降，节点腹板肢钢腹板 90% 应变花测得的应变数据超过材料的屈服应变，节点进入屈服阶段，此后采用位移控制模式进行加载。③加载至第二级位移（位移为 34mm 和 −32mm）时，荷载达到 340kN 和 −293kN，节点分别达到正向、负向极限承载力，节点腹板肢钢腹板出现明显屈曲变形。④此后节点的承载力开始下降，当荷载降至 −241kN 时（位移为 −38mm），柱腹板与柱翼缘在内隔板处的一侧竖向连接焊缝开裂；荷载降至 −104kN 时（位移为 −36mm），柱腹板与柱翼缘在内隔板处的两侧竖向连接焊缝均开裂、贯通。⑤试件破坏时水平位移分别达到 46mm 和 −37mm，此后将试件水平位移加至负向 42mm，试验加载结束。

（5）试件 +J5

试件 +J5 的加载破坏过程：①首先按荷载控制模式进行加载，荷载为 −202 ~ 200kN 时，荷载-柱顶位移关系基本呈直线，表明节点在弹性范围内工作。②加载至第一级位移（位移为 23mm 和 −23mm）时，荷载达到 345kN 和 −321kN，构件刚度出现明显下降，节点腹板肢钢腹板 90% 应变花测得的应变数据超过材料的屈服应变，节点进入屈服阶段，此后采用位移控制模式进行加载。③加载至第二级位移（位移为 29mm 和 −31mm）时，荷载达到 378kN 和 −351kN，节点分别达到正向、负向极限承载力，节点腹板肢钢腹板出现明显屈曲变形。④此后节点的承载力开始下降，当荷载降至 334kN 时，柱腹板与柱翼缘在内隔板处的一侧竖向连接焊缝开裂，并沿柱翼缘向上、下延伸；当荷载降至 −282kN 时，柱腹板与柱翼缘在内隔板处的两侧竖向连接焊缝均开裂、贯通，且在内隔板与钢梁连接处的节点钢腹板凹陷；加载至第三级位移，荷载降至 266kN 时（位移为 25mm），柱腹板与柱翼缘在内隔板处的竖向裂缝拉通。⑤试件破坏时水平位移分别达到 35mm 和 −42mm，此后将试件水平位移加至负向 51mm，试验加载结束。

（6）试件 TJ1

试件 TJ1 的加载破坏过程：①首先按荷载控制模式进行加载，荷载为 −80 · 80kN 时，荷载-柱顶位移关系基本呈直线，表明节点在弹性范围内工作。②加载至第一级位移（位移为 19mm 和 −20mm）时，荷载达到 159kN 和 −159kN，构件刚度出现明显下降，节点腹板肢钢腹板 90% 应变花测得的应变数据超过材料的屈服应变，节点进入屈服阶段，此后采用位移控制模式进行加载。③加载至第三级位移（位移为 38mm 和 −38mm）时，荷载达到 227kN 和 −214kN，节点分别达到正向、负向极限承载力，节点腹板肢钢腹板出现明显屈曲变形。④此后节点的承载力开始下降，当加载至第四级位移，荷载降至 191kN 时（位移为 42mm），与钢梁焊接一侧的柱腹板与柱翼缘在内隔板处的竖向连接焊缝开裂；当加载至第五级位移，荷载降至 145kN 时（位移为 44mm），柱腹板与柱翼缘在内隔板处的竖向连接焊缝沿柱翼缘向上、下延伸，且在内隔板与钢梁连接处的节点钢腹板凹陷。⑤试件破坏时水平位移分别达到52mm和−57mm，如图2.10所示，此后将试件水平位移加至负向60mm，试验加载结束。

图 2.10 试件 TJ1 破坏形态

Fig. 2.10 Failure mode of TJ1

（7）试件 TJ2

试件 TJ2 的加载破坏过程：①首先按荷载控制模式进行加载，荷载为−158～164kN时，荷载-柱顶位移关系基本呈直线，表明节点在弹性范围内工作。②加载至第一级位移（位移为 25mm 和 −23mm）时，荷载达到245kN 和 −245kN，构件刚度出现明显下降，节点腹板肢钢腹板 90%应变花测得的应变数据超过材料的屈服应变，节点进入屈服阶段，此后采用位移控制模式进行加载。③加载至第四级位移（位移为 55mm 和 −49mm）时，荷载达到328kN 和 −325kN，节点分别达到正向、负向极限承载力，节点腹板肢钢腹板出现明显屈曲变形。④此后节点的承载力开始下降，当荷载降至308kN 时，与钢梁焊接一侧的柱腹板与柱翼缘在内隔板处的竖向连接焊缝开裂；当荷载降至 −236kN 时，柱腹板与柱翼缘在内隔板处的竖向连接焊缝沿柱翼缘向上、下延伸，钢梁下翼缘与柱翼缘的连接焊缝从根部开裂。⑤试件破坏时水平位移分别达到 70mm 和 −57mm，此后将试件水平位移加至负向65mm，试验加载结束。

（8）试件 LJ1

试件 LJ1 的加载破坏过程：①首先按荷载控制模式进行加载，荷载为−120～122kN时，荷载-柱顶位移关系基本呈直线，表明节点在弹性范围内工作。②加载至第一级位移（位移为 22mm 和 −24mm）时，荷载达到163kN 和 −181kN，构件刚度出现明显下降，节点腹板肢钢腹板 90%应变花测得的应变数据超过材料的屈服应变，节点进入屈服阶段，此后采用位移控制模式进行加载。③加载至第二级负向位移（位移为 −34mm）时，荷载达到负向极限承载力 −220kN；加载至第三级正向位移（位移为 38mm）时，荷载达到正向极限承载力 198kN，节点腹板肢钢腹板出现明显屈曲变形。④此后节点的承载力开始下降，当荷载降至 180kN 时（位移为 41mm），与钢梁焊接一侧的柱腹板与柱翼缘在内隔板处的竖向连接焊缝开裂；当荷载降至 163kN 时（位移为 36mm），柱腹板与柱翼缘在内隔板处的竖向裂缝拉通，且在内隔板与钢梁连接处的节点钢腹板凹陷。⑤试件破坏时水平位移分别达到 45mm 和 −45mm，如图 2.11 所示，此后将试件水平位移加至负向 50mm，试验加载结束。

图 2.11　试件 LJ1 破坏形态

Fig. 2.11　Failure mode of LJ1

（9）试件 LJ2

试件 LJ2 的加载破坏过程：①首先按荷载控制模式进行加载，荷载为 −141 ~ 142kN 时，荷载-柱顶位移关系基本呈直线，表明节点在弹性范围内工作。②当荷载达到 226kN 和 −229kN 时，构件刚度出现明显下降，节点腹板肢钢腹板 90% 应变花测得的应变数据超过材料的屈服应变，节点进入屈服阶段，此后采用位移控制模式进行加载。③试件荷载达到 −145kN 时，与钢梁焊接一侧的柱腹板与柱翼缘在内隔板处的竖向连接焊缝开裂，此后该裂缝迅速发展、延伸，承载力迅速下降。④反向加载至 317kN（位移为 58mm）时试件达到正向极限承载力，之后试件承载力迅速下降。⑤当荷载降至 313kN 时（位移为 62mm），柱腹板与柱翼缘在内隔板处的竖向裂缝拉通，之后试件承载力迅速下降至试件破坏。

柱腹板焊缝完全拉开后内隔板与柱翼缘的焊缝将承受很大的剪力，当该剪力增大到一定值时部分内隔板与柱翼缘的焊缝将撕裂。试验后剥开钢管，发现核心区混凝土沿对角线方向开裂如图 2.12 所示，与钢筋混凝土试件斜压破坏时的试验现象非常相似。达到破坏荷载时，除了试件 TJ2 钢梁下翼缘焊缝在加载即将结束时开裂，其余试件的钢梁翼缘均局部达到屈服，但钢梁翼缘与柱翼缘的焊缝均未见开裂。

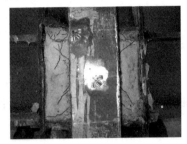

(a)TJ1腹板肢　　　　　　　(b)+J4腹板肢　　　　　　　(c)+J1翼缘肢

图 2.12　节点混凝土裂缝

Fig. 2.12　concrete crack of joint

2.5　破坏模式分析

（1）节点域腹板的剪切破坏：试件柱翼缘与钢梁等宽，节点核心区在梁端弯矩、剪力，柱端弯矩、剪力共同作用下，钢梁翼缘应力传递给内隔板，继而内隔板应力传递到节点腹板和混凝土。当柱顶水平荷载达到屈服荷载时，节点域腹板肢沿对角线方向的腹板就已经达到屈服应变，主应力方向大致为45°；随着水平荷载的增大，核心区腹板肢柱腹板中部的剪切屈服区域向四周扩散；当水平荷载达到极限荷载时，测得的节点核心区腹板肢柱腹板的应变约为腹板屈服应变的 4～10 倍；当水平荷载下降到极限荷载的80%时，节点核心区腹板肢柱腹板出现了屈曲现象。

（2）柱腹板焊缝破坏：在本试验中，梁端与柱翼缘的焊缝、内隔板与柱翼缘的焊缝均采用带垫板的坡口熔透焊，柱腹板与柱翼缘的焊缝为单面角焊缝。一般而言[137]，单面角焊缝在反复荷载作用下更易开裂，故试件节点核心区焊缝开裂先在柱腹板与柱翼缘（与钢梁焊接一侧）的竖向连接焊缝出现。由于试件做成了强构件弱节点的形式，试件的破坏主要发生在节点核心区；达到破坏荷载时，只有试件 TJ2 钢梁下翼缘焊缝在加载即将结束时开裂，且为拉压荷载多次交替变化的情况下此处初始缺陷及焊接残余应力的作用导致的焊缝开裂，其他试件钢梁翼缘与柱翼缘的焊缝均未开裂。

2.6　小结

本章介绍了本次试验的具体内容以及试件的设计原则和加工制作的过程，对试验的加载装置和量测装置进行了阐述，重点描述了在试验过程中各试件的破坏过程，最后对试件的最终破坏形态进行分析。

3 矩形钢管混凝土异形柱 - 钢梁节点的抗震性能

本章将在试验数据的基础上，分析研究试件的力学特性和抗震性能，包括试件的荷载 - 位移滞回曲线、承载能力、层间位移角、延性、强度和刚度退化以及耗能能力等，并对其影响因素进行分析。

3.1 节点滞回性能

试件 P - Δ 滞回曲线是指试验加载处的水平位移随荷载而变化的关系曲线[138、139]。试验测得的试件典型的柱顶水平荷载 - 位移滞回曲线如图 3.1 所示，图中 P、Δ 分别为柱顶水平荷载和水平位移。

由图可知，矩形钢管混凝土异形柱 - 钢梁框架节点的滞回曲线具有以下特点：

（1）在荷载较小时滞回曲线基本呈线性，表明试件处于弹性工作阶段。在该阶段滞回环包围的面积很小，卸载后残余变形也很小，刚度退化不明显。

（2）在位移控制阶段，滞回环包围的面积随试件位移的增加逐渐增大，滞回坏曲线的形状大致为梭形，表明节点有较大的刚度。随着荷载的增加，滞回环渐渐向位移轴倾斜，滞回环的初始斜率越来越低，表明节点刚度存在一定程度的退化，这是由于核心区腹板的屈服和混凝土压碎导致节点损伤累积，随着节点核心区变形的加大节点损伤累积到一定程度将引起刚度退化。在循环加载中试件同级位移下的荷载值随循环次数的增加而降低，表明节点强度存在退化现象。

（3）在位移控制阶段，对比试件 + J1、TJ1 和 LJ1，+ J4、TJ2 和 LJ2 可得中节点试件会经历较长的接近水平的强化阶段，直到节点核心区严重破坏时才出现下降段，而边节点、角节点试件出现下降段较早，且承载力下降较明显。对比试件 + J1、+ J4 和 + J5，TJ1 和 TJ2，LJ1 和 LJ2 可得滞回环的饱满程度随柱截面肢高肢厚比的增大而减小，表明试件的耗能能力随柱截面肢高肢厚比的增大而减弱。对比试件 + J1、+ J2 和 + J3 可知，试件在达到极

31

限承载力之前，滞回环的形状基本相同；达到极限承载力之后，随着轴压比的增大，试件滞回环的饱满程度略有减小，承载力下降较明显。

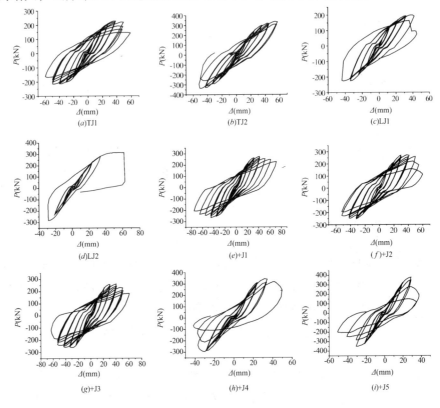

图 3.1　试件的滞回曲线

Fig. 3.1　Load – displacement hysteresis loops of specimens

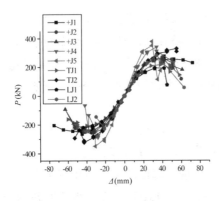

图 3.2　试件的骨架曲线

Fig. 3.2　Skeleton curves of specimens

3.2　节点承载力和位移分析

试件的骨架曲线为试件加载每次循环时荷载 - 位移峰值点所连成的包络线[140、141]。试验构件的骨架曲线如图 3.2 所示。

由图可知，当荷载较小时，试件的荷载 - 位移曲线基本为线性；随着荷载的增大，曲线呈现明显的非线性。对比试件 + J1、TJ1 和 LJ1，+ J4、TJ2 和 LJ2 可得试件承载力按照中节点、边节点和角节点的顺序依次变小，且角节点达到最大承载力之后荷载下降很快，这是由于角节点形状的不规则使得节点受力不均匀、不对称，与其相比，形状规则的中节点和边节点试件受力性能增强。对比试件 + J1、 + J2和 + J3可知中节点试件随着轴压比的增大承载力变化不明显。对比图中的柱截面肢高肢厚比相同的试件的骨架曲线可知，在破坏形态相同的前提下，中节点试件达到极限荷载后其下降段比较平缓，说明中节点试件后期变形能力好，具有较好的延性；而边节点和角节点试件经过强化阶段达到峰值荷载后曲线迅速下降，说明角节点、边节点试件的延性较中节点试件差。

在试验中试件的骨架曲线上出现明显的拐弯点，该点即为试件的屈服点，相应于该点的试件承载能力、变形分别为屈服荷载、屈服变形。通用屈服弯矩法可根据试件的骨架曲线精确确定试件的屈服点。试件破坏荷载的确定根据我国行业标准《建筑抗震试验方法规程》JGJ 101—96[142]：破坏荷载及相应变形应取试件达到极限荷载之后，随变形增加试件荷载下降至极限荷载的85%时对应的荷载和变形。

本试验根据通用屈服弯矩法确定试件的屈服荷载和屈服位移：试件的 P-Δ 曲线如图3.3所示，首先作出曲线最高荷载点的水平切线 FD，过 O 点作出 P-Δ 曲线的切线 OB，FD 和 OB 交于点 B；然后由 B 点向位移轴作垂线交 P-Δ 曲线于点 A，再将 OA 延长交 DB 于点 C；最后由点 C 向位移轴作垂线交 P-Δ 曲线于点 E，则点 E 对应的坐标值即为试件的屈服荷载和屈服位移。

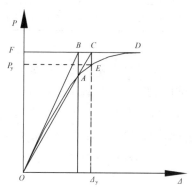

图 3.3　通用屈服弯矩法确定屈服点
Fig. 3.3　Method for defining the yield point

表3.1列出了各试件在特征点的试验值，其中 P_y 为屈服荷载，P_u 为极限荷载，P_m 为破坏荷载，Δ_y、Δ_u、Δ_m 分别为与 P_y、P_u、P_m 对应的位移值。

表 3.1　试件节点特征点试验值

Table3. 1　Test results of characteristic points for joints

试件编号		TJ1	TJ2	LJ1	IJ2	+ J1	+ J2	+ J3	+ J4	+ J5
P_y （kN）	正向	196.3	287.9	166.0	268.2	237.6	235.4	226.7	312.8	354.8
	负向	−188.4	−282.7	−198.3		−232.8	−233.0	−231.4	−281.5	−330.8

试件编号		TJ1	TJ2	LJ1	LJ2	+ J1	+ J2	+ J3	+ J4	+ J5
Δ_y (mm)	正向	24.5	33.5	22.2	30.6	25.2	24.1	22.2	25.4	23.8
	负向	-25.8	-31.6	-27.4	-	-29.8	-26.6	-23.6	-25.8	-23.7
P_u (kN)	正向	227.0	327.9	198.5	316.9	274.5	268.0	260.0	339.6	378.1
	负向	-214.2	-325.4	-219.9	-	-265.1	-252.2	-257.7	-293.2	-350.6
Δ_u (mm)	正向	38.0	55.0	38.0	58.0	42.0	40.0	41.0	34.0	29.0
	负向	-50.0	-49.0	-34.0	-	-45.0	-32.0	-27.0	-32.0	-29.0
P_m (kN)	正向	192.9	278.7	168.7	269.4	233.3	227.8	221.0	288.7	321.4
	负向	-182.1	-276.6	-186.9	-	-225.3	-214.4	-219.1	-249.2	-298.0
Δ_m (mm)	正向	51.8	70.0	45.2	43.9	69.1	54.2	52.2	45.9	34.7
	负向	-57.4	-56.8	-44.8	-	-68.1	-56.0	-52.6	-37.1	-42.2

表中试件 LJ2 没有负向加载时各特征点的试验值，这是由于在试验过程中试件 LJ2 负向加载至 -145kN 时，柱腹板与柱翼缘的竖向连接焊缝开裂，之后裂缝不断加宽，并沿柱翼缘向上、下延伸，导致试件承载力迅速下降，未能测得该试件负向加载时的屈服荷载及位移、极限荷载及位移。由表可知当试件柱截面肢高肢厚比相同时，中节点试件的 P_y、P_u 和 P_m 均最大，边节点试件次之，角节点试件最小，这是由于中节点试件柱截面形状规则，其翼缘肢发挥的作用较为充分，提高其承载力；而角节点试件在受力过程中存在一定程度的扭转，降低其承载力。随着试件柱截面肢高肢厚比的增大，试件的承载力有较大提高，柱截面肢高肢厚比为 3 时的各试件承载力约为柱截面肢高肢厚比为 2 时各试件承载力的 1.3 ~ 1.6 倍；柱截面肢高肢厚比为 4 时的各试件承载力约为柱截面肢高肢厚比为 3 时试件承载力的 1.1 倍。对比试件 +J1 ~ +J3 各特征点的试验值可看出，随着柱端轴向压力的增大，试件承载力逐渐降低，但降低的幅度不大（约为 3%）。

3.3 节点延性分析

延性是指结构或构件在极限承载能力时或极限承载能力降低不大的情况下发生非弹性变形的能力，其是衡量结构或构件抗震性能的一个至关重要的指标[143]。延性通常以位移、曲率和转角的极限变形与其对应的屈服变形之比（即延性系数）来表示，则对应的延性系数有位移延性系数、曲率延性系数和转角延性系数。在本试验中试件的延性通过位移延性系数 μ_Δ 和转角延性系数 μ_θ 来反映。其计算公式为：

$$\mu_\Delta = \frac{\Delta_m}{\Delta_y} \tag{3-1}$$

$$\mu_\theta = \frac{\theta_m}{\theta_y} \tag{3-2}$$

式中　　Δ_m——破坏荷载 P_m 对应的位移；

　　　　Δ_y——屈服荷载 P_y 对应的位移；

　　θ_y、θ_m——分别为荷载 P_y 和 P_m 对应的层间位移角，$\theta = \dfrac{\Delta}{H}$；

　　　　H——柱的长度。

表 3.2 所示为试件位移延性系数和转角延性系数。

表3.2　试件节点位移及层间位移角延性系数

Table3.2　Ductility factor of displacement and rotation for joints

试件编号		TJ1	TJ2	LJ1	LJ2	+J1	+J2	+J3	+J4	+J5
Δ_y （mm）	正向	24.5	33.5	22.2	30.6	25.2	24.1	22.2	25.4	23.8
	负向	−25.8	−31.6	−27.4	−	−29.8	−26.6	−23.6	−25.8	−23.7
Δ_m （mm）	正向	51.8	70.0	45.2	43.9	69.1	54.2	52.2	45.9	34.7
	负向	−57.4	−56.8	−44.8	−	−68.1	−56.0	−52.6	−37.1	−42.2
μ_Δ	正向	2.12	2.09	2.03	1.44	2.74	2.25	2.35	1.80	1.46
	负向	2.23	1.80	1.64	−	2.28	2.10	2.23	1.44	1.78
θ_y	正向	1/61	1/45	1/68	1/49	1/60	1/62	1/68	1/59	1/63
	负向	1/58	1/47	1/55	−	1/50	1/56	1/64	1/58	1/63
θ_m	正向	1/29	1/21	1/33	1/34	1/22	1/28	1/29	1/33	1/43
	负向	1/26	1/26	1/33	−	1/22	1/27	1/29	1/40	1/36
μ_θ	正向	2.12	2.09	2.03	1.44	2.74	2.25	2.35	1.80	1.46
	负向	2.23	1.80	1.64	−	2.28	2.10	2.23	1.44	1.78

由表可以看出，本次试验 9 个试件的位移延性系数 $\mu = 1.44 \sim 2.74$，平均值为 1.99，不是很大，这是由于节点核心区腹板屈服以后，在水平荷载

的反复作用下柱翼缘与节点腹板的连接焊缝突然断裂导致构件承载力迅速下降所致，因此应当高度重视节点区焊缝的质量。在柱截面肢高肢厚比相同的情况下，角节点试件的延性系数最小，这是由于角节点试件达到极限承载力后，由于水平剪力和扭矩的共同作用节点域柱腹板焊缝加速开裂，且柱腹板焊缝开裂后，节点的剪扭承载力迅速降低。当柱截面肢高肢厚比为2时，中节点试件的延性系数最大，延性最好；当柱截面肢高肢厚比为3时，中节点试件的延性系数小于边节点试件，原因如下：（1）由于柱截面肢高肢厚比较小时，中节点试件腹板肢伸出翼缘肢的长度较小，节点核心区腹板肢可视为一个整体，其变形性能较好。（2）随着柱截面肢高肢厚比的增加，中节点试件腹板肢伸出翼缘肢长度的增大使得试件出现多核心破坏，因此节点核心区损伤最严重，变形能力较差。由表3.2可知，轴压比对试件延性的影响不是很明显，可能由于试验中选取的轴压比较小，使得轴压比成为影响试件位移延性系数的次要因素，因此试件延性随轴压比的变化规律不明显。

由表3.2可以看出，试件破坏时大部分试件的层间位移角接近1/30，《矩形钢管混凝土结构技术规程》[144]规定多高层矩形钢管混凝土框架结构的弹性层间位移 $[\theta_e]$ =1/300，弹塑性层间位移角 $[\theta_p]$ =1/50，则试件的弹塑性层间位移角高于规程限值，说明矩形钢管混凝土异形柱-钢梁框架节点具有较好的屈服后变形能力。

3.4 节点耗能分析

地震时结构处于地震能量场内，地震将能量输入结构，结构有一个能量吸收和耗散的持续过程。当结构进入弹塑性状态时，其抗震性能主要取决于构件耗能的能力。构件的能量耗散能力以荷载-变形滞回曲线所包围的面积来衡量。在反复荷载作用下滞回环面积受到强度和刚度退化的影响，为了表达这一特性，在研究中用等效黏滞阻尼系数 h_e 来表达。图3.4所示的面积 ABCD 为滞回曲线一周所耗散的能量，面积 OBE 为假想的弹性直线 OB 在达到相同位移 OE 时所包围的面积。曲线面积 $S_{(ABC+CDA)}$ 与三角形面积 $S_{(OBE+ODF)}$ 之比表示耗散能量与等效弹性体产生相同位移时输入的能量值之比。

则试件的耗能性能用等效黏滞阻尼系数 h_e 表示：

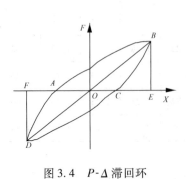

图3.4 P-Δ滞回环

Fig. 3.4 P-Δ hysteresis loop

$$h_e = \frac{S_{(ABC+CDA)}}{2\pi S_{(OBE+ODF)}}$$ (3-3)

式中 $S_{(ABC+CDA)}$——图中实线包围的滞回环面积；

$S_{(OBE+ODF)}$——滞回环中对应的三角形面积。

试件的等效黏滞阻尼系数见表3.3，其中 h_{ey}、h_{eu}、h_{em} 分别为试件在屈服、极限和破坏荷载时的等效黏滞阻尼系数。普通钢筋混凝土节点的等效黏滞阻尼系数在0.1左右[145]，钢筋混凝土异形柱框架节点的等效黏滞阻尼系数较普通钢筋混凝土节点要小；由表3.3可以看出破坏荷载时试件的等效黏滞阻尼系数最大值为0.316，平均值为0.257，最小值为0.227，均大于钢筋混凝土异形柱框架节点的等效黏滞阻尼系数，说明矩形钢管混凝土异形柱-钢梁框架节点具有较好的耗能能力。

表3.3 试件节点等效黏滞阻尼系数

Table 3.3 Equivalent viscous damping coefficient for joints

试件编号	h_e		
	h_{ey}	h_{eu}	h_{em}
TJ1	0.067	0.226	0.240
TJ2	0.057	0.182	0.227
LJ1	0.125	0.241	0.316
LJ2	0.182	0.223	0.260
+J1	0.112	0.192	0.243
+J2	0.119	0.115	0.264
+J3	0.129	0.127	0.259
+J4	0.103	0.181	0.244
+J5	0.080	0.142	0.264

由表3.3可以看出试件屈服时由于节点核心区钢腹板的屈服和混凝土的开裂，试件已具有一定的耗能能力；当试件达到极限荷载时，节点核心区钢腹板、混凝土的塑性充分发展，试件耗能能力大幅增加；当试件达到破坏荷载时，由于柱钢管和内隔板组成的刚性框架的四角出现塑性铰，试件耗能能力仍有提高，并达到最大值。综上可知，试件节点核心区塑性开展的历程较长，具有较好的能量耗散能力。

3.5 节点核心区剪切变形

节点在水平剪力作用下产生剪切变形如图3.5所示。试验中节点核心区剪切变形通过测量腹板肢节点核心区对角线长度的变化,通过经验公式计算得到剪切角 $\gamma^{[146,147]}$。图3.5中1234表示腹板肢节点核心区在水平剪力 V_j 作用下的剪切变形,$(\delta_1 + \delta_1')$ 为腹板肢节点核心区沿2-4方向伸长量,$(\delta_2 + \delta_2')$ 为腹板肢节点核心区沿1-3方向伸长量,变形后的夹角分别为 α_1、α_2。

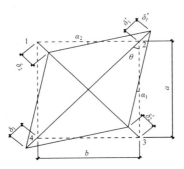

图3.5 节点核心区剪切变形

Fig. 3.5 Shear deformation of joint core zone

设对角线方向的平均变位为 $\overline{X}$:

$$\overline{X} = \frac{|\delta_1 + \delta_1'| + |\delta_2 + \delta_2'|}{2} \tag{3-4}$$

由图可知,$\sin\theta = \dfrac{b}{\sqrt{a^2+b^2}}$,$\cos\theta = \dfrac{a}{\sqrt{a^2+b^2}}$,$\alpha_1 = \dfrac{\overline{X}\sin\theta}{a}$,$\alpha_2 = \dfrac{\overline{X}\cos\theta}{b}$

则剪切角可表示为:

$$\gamma = \alpha_1 + \alpha_2 = \frac{\overline{X}\sin\theta}{a} + \frac{\overline{X}\cos\theta}{b} = \frac{\sqrt{a^2+b^2}}{ab}\overline{X} \tag{3-5}$$

在特征点(P_y、P_u、P_m)处的节点剪切角如图3.6所示。由图3.6可以看出,在弹性阶段,节点核心区的剪切变形很小,节点剪切角在0.001~0.004rad左右,约为破坏时剪切变形的15%左右;从屈服荷载点到极限荷载点,随着加载的继续,节点剪切角发展较快,达到0.003~0.054rad,约为破坏时剪切变形的47%左右;从极限荷载点到破坏荷载点,节点剪切角迅速增大,在破坏荷载时试件+J4、+J5、TJ2、LJ2(肢高肢厚比为3、4)达到0.01~0.03rad,试件TJ1、LJ1(肢高肢厚比为2)达到0.08~0.1rad,节点剪切角随着柱截面肢高肢厚比的增大而减小。

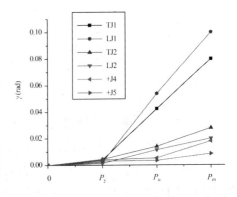

图3.6 节点核心区剪切变形

Fig. 3.6 Shear deformation of joint core

3.6 节点承载力

试件进入塑性状态后，在位移幅值不变的条件下，构件承载力会随反复加载次数的增加而降低。构件的强度退化可用同级加载各次循环过程中承载力降低系数 λ_i 表示[148]。本试验中 λ_i 为同一级加载最后一次循环时峰值荷载与第一次循环时峰值荷载的比值。各试件在不同位移条件下承载力降低系数的变化情况如图 3.7 所示。

由图 3.7 可以看出，各试件强度退化趋势基本相同，在位移控制前期（即试件达到屈服荷载直到极限荷载附近），试件的同级加载强度退化程度并不明显，此时试件的位移与屈服位移的比值约为 1.2，强度退化系数约为 0.96，这是由于翼缘肢对腹板肢腹板的剪切变形有限制作用，从而降低了强度退化的速度。在位移控制后期（即试件达到极限荷

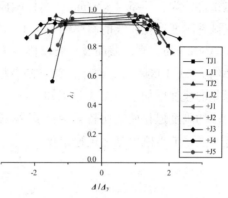

图 3.7 强度退化曲线

Fig. 3.7 Strength degradation curves

载直到焊缝开裂破坏）试件强度退化有以下特点：①强度退化的速度按照中节点、边节点和角节点的顺序依次变大，由于中节点的翼缘肢更充分地约束腹板肢腹板的剪切变形，而角节点承担水平剪力和扭矩的共同作用，在节点域柱腹板焊缝开裂后，角节点腹板的扭转剪应力迅速减小，角节点的受扭承载力随之降低。②试件强度退化的速度随柱截面肢高肢厚比和轴压比的增加均增大，这是由于柱腹板焊缝开裂后，节点核心区腹板变形突然加大，承载力骤然下降；且柱顶轴向压力的增大加速焊缝开裂的延伸、发展，同时加快节点内混凝土裂缝发展，使承载力迅速下降。

3.7 节点刚度

刚度退化是在位移幅值不变的条件下，构件的刚度随反复加载的次数增加而降低的特性，它可以取同一级变形下的割线刚度来表示。本试验中某级加载位移下的割线刚度取同级 3 个循环割线刚度的平均值，各试件割线刚度随位移延性系数的变化情况如图 3.8 所示。

由图 3.8 可以看出各试件节点刚度随着加载位移一直呈退化趋势，其根本原因是节点屈服后的弹塑性性质和累积损伤[149、150]，这种损伤主要表现为

节点钢腹板的屈服及塑性发展、混凝土裂缝的发展和柱腹板焊缝开裂等。在位移控制前期，角节点、边节点试件刚度退化的速度较中节点慢，且随着柱截面肢高肢厚比的增加，试件刚度退化的速度加快。在位移控制后期，边节点、角节点刚度退化的速度基本不变，而中节点试件刚度退化的速度略有降低。柱截面肢高肢厚比对试件的割线刚度影响较大，当柱截面肢高肢厚比为2时，角节点、边节点试件刚度退化曲线的斜率约为3.0~3.8kN/mm，中节点试件约为2.1~5.4 kN/mm；当柱截面肢高肢厚比为3时，角节点、边节点试件刚度退化曲线的斜率约为4.4~10.6 kN/mm，中节点试件约为5.6~10.3 kN/mm；当柱截面肢高肢厚比为4时，中节点试件刚度退化曲线的斜率约为23.3 kN/mm；综上可知，随着柱截面肢高肢厚比的增大，试件刚度退化的速度增加。由图3.8可知，试件+J5由极限荷载到柱腹板焊缝开裂阶段的刚度退化曲线比较平缓，说明试件完全进入塑性，之后由于柱腹板焊缝开裂，节点刚度随之迅速退化。

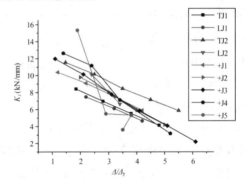

图3.8　刚度退化曲线

Fig. 3. 8　Stiffness degradation curves

3.8　梁柱相对转角

梁柱相对转角 θ_r 取梁转角 θ_b 与柱转角 θ_c 的差值，可按下式计算：

$$\theta_r = \theta_b - \theta_c \qquad (3\text{-}6)$$

其中 θ_b、θ_c 由试验中布置在靠近节点核心区梁端、柱端的百分表确定。图3.9所示为部分试件的梁、柱相对转角-柱端水平荷载滞回曲线，从图中可以看出当试件处于弹性加载阶段，梁、柱相对转角较小，梁、柱相对转角和柱端水平荷载基本呈线性关系，节点核心区处于弹性变形阶段；试件屈服后直至达到极限荷载，由于节点核心区塑性变形的发展，梁、柱相对转角逐渐增大，且相对转角滞回曲线和位移滞回曲线的形状相似；极限荷载过后，梁、柱相对转角继续增大，当荷载下降至某一值时，梁、柱相对转角突然增大，部分试件 +J1、+J2 和 TJ2 相对转角方向突然改变，这是由于试件节点核心区柱腹板与柱翼缘的竖向连接焊缝开裂。

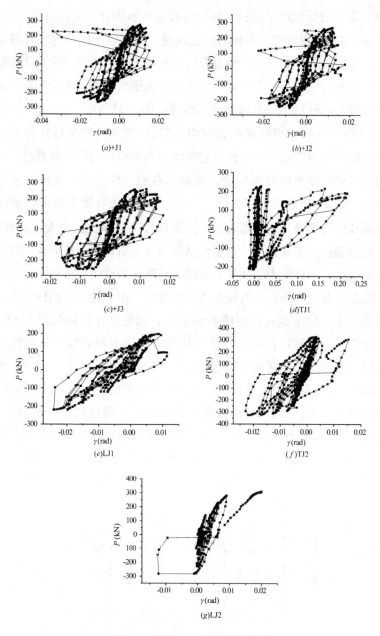

图 3.9　梁柱相对转角滞回曲线

Fig. 3.9　Relative rotation angle of beam – column

3.9 节点核心区应变

（1）综合分析试件节点核心区腹板肢钢腹板中部应变花（如图 3.10 中应变花 A、B）测得的三个方向的应变发现，斜方向上的应变增长最快，数值最大，最早达到屈服应变；竖直方向和水平方向的应变变化规律相似，数值均比斜方向的应变小得多。试件节点核心区腹板肢钢腹板中部应变花测得的斜方向应变随柱顶水平荷载的变化情况如图 3.11（a）~（g）所示。由图 3.11（a）~（g）可知在加载前期，荷载-应变曲线呈线性增长，表明此时节点腹板肢钢腹板处于弹性发展阶段；当荷载达到屈服荷载时，应变值均达到或接近钢腹板的屈服应变；随着荷载的继续增加，该应变迅速增大（约为钢腹板屈服应变的 4~10 倍），最终节点腹板肢钢腹板由于塑性变形过大而导致试件焊缝开裂。随着试件柱截面肢高肢厚比的增大，荷载-应变滞回曲线饱满程度逐渐减小，且试件达到破坏时节点钢腹板应变值减小，说明柱截面肢高肢厚比较大的试件节点腹板肢钢腹板残余应变较小，塑性发展缓慢，能量储备能力强，具有较强的抗震性能。由于角节点的柱顶水平荷载通过截面形心，但不经过截面的剪切中心，因此存在扭转如图 3.12 所示。面 1 和面 2 所示的钢腹板在水平剪力和扭矩作用下的剪应力分布将有所不同，由图可知节点核心区面 1 的弯曲剪应力和扭转剪应力方向相同，而节点核心区面 2、3 的弯曲剪应力和扭转剪应力方向相反，因此考虑扭转效应后，面 1 的剪应力增大，而面 2、3 的剪应力减小，且随柱顶水平荷载的增加，这种变化逐渐加剧。因此试件 LJ2 当柱顶水平荷载较大时，面 1 节点核心区的应力和应变迅速增大，使得试件未达到极限荷载时面 1 柱腹板焊缝开裂，且此后试件承载力迅速下降，节点核心区只有拉应变发展到塑性阶段。

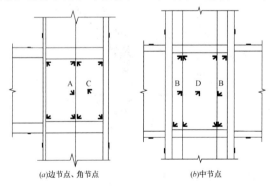

(a)边节点、角节点　　　　(b)中节点

图 3.10　节点应变片布置

Fig. 3.10　Arrangement of joint strain gauges

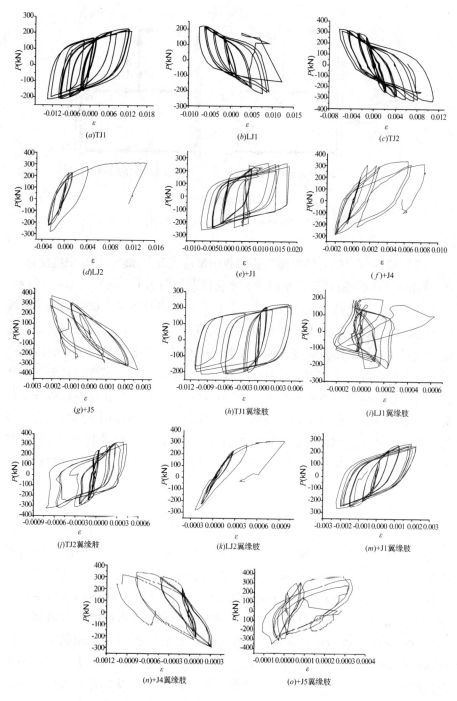

图 3.11　柱顶水平荷载-核心区腹板应变滞回曲线

Fig. 3. 11　Hysteretic loops of horizontal load and strain of the panel web

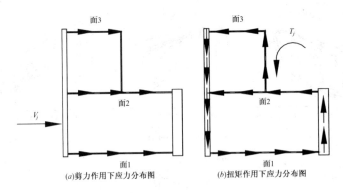

(a)剪力作用下应力分布图　　　　　(b)扭矩作用下应力分布图

图 3.12　角节点剪应力分布图

Fig. 3.12　Shear stress distribution for corner joint

（2）试件节点核心区翼缘肢钢腹板中部应变花（如图 3.10 中应变花 C、D）测得的剪应变随柱顶水平荷载的变化情况如图 3.11（h）～（o）所示。由图可知当试件柱截面肢高肢厚比为 2 时，中节点和边节点试件的滞回曲线较为饱满，且试件达到极限荷载时中节点和边节点核心区翼缘肢钢腹板的剪应变均超过钢材的屈服应变，说明柱截面肢高肢厚比为 2 时中节点、边节点试件节点核心区翼缘肢钢腹板对节点剪力有一定的贡献。试件达到破坏荷载后，节点核心区翼缘肢钢腹板剪应变的发展不对称，这是由于柱腹板焊缝开裂后，梁端的拉力很难通过腹板传递，但在钢梁的压力作用下焊缝闭合后腹板才有应变产生，因此开裂柱腹板焊缝所在一侧的节点翼缘肢钢腹板剪应变主要朝压应变方向发展，而与开裂柱腹板焊缝相对一侧的节点翼缘肢钢腹板剪应变主要朝拉应变方向发展。

（3）根据节点核心区应变花测得的钢腹板应变数据计算得出的在各特征点 P_y、P_u 和 P_m 的主拉应变和主压应变如图 3.13 所示。由图 3.13 可知试件达到屈服荷载时，试件 +J1、+J2、TJ1 和 LJ1 节点核心区腹板肢钢腹板所有测点的主拉应变和主压应变均超过钢材屈服应变，试件 +J3、+J4、+J5、TJ2 和 LJ2 节点核心区腹板肢钢腹板超过 90% 的测点主拉应变或主压应变超过钢材屈服应变，且所有试件应变主方向的绝对值多数在 30°～45°之间，说明所有试件节点核心区腹板肢钢腹板均达到屈服；当试件达到极限荷载时，多数测点主拉应变和主压应变均继续增大，部分测点主拉应变和主压应变降低，说明此时节点核心区腹板肢钢腹板的抗剪作用得到了充分的发挥，并局部出现强化；当试件达到破坏荷载时，部分测点主拉应变和主压应变仍降低，说明节点核心区腹板肢钢腹板强化的区域增大，塑性继续发展。

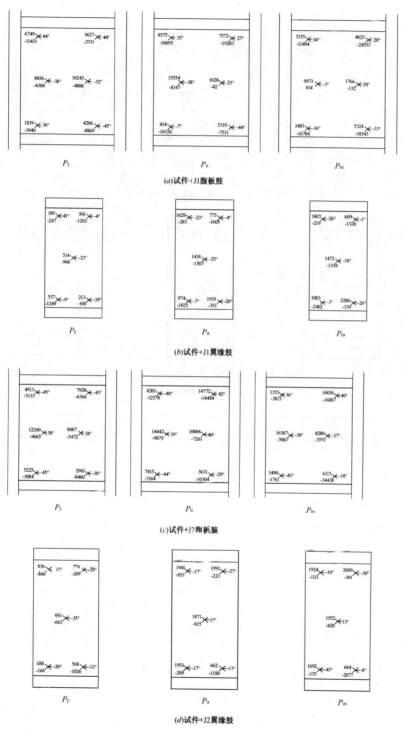

图 3.13　节点核心区钢腹板应变（一）

Fig. 3.13　Web strain of joints core（1）

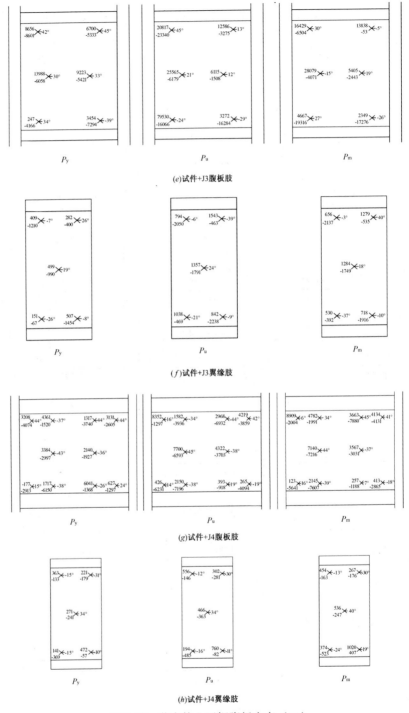

(e)试件+J3腹板肢

(f)试件+J3翼缘肢

(g)试件+J4腹板肢

(h)试件+J4翼缘肢

图 3.13　节点核心区钢腹板应变（二）

Fig. 3.13　Web strain of joints core（2）

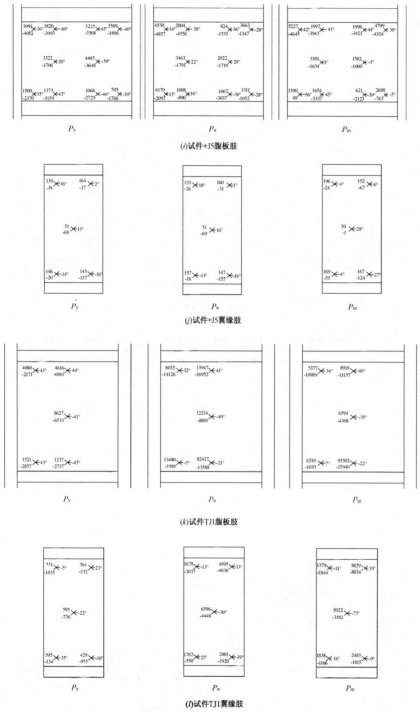

P_y P_u P_m

(*i*)试件+J5腹板肢

P_y P_u P_m

(*j*)试件+J5翼缘肢

P_y P_u P_m

(*k*)试件TJ1腹板肢

P_y P_u P_m

(*l*)试件TJ1翼缘肢

图 3.13 节点核心区钢腹板板应变（三）

Fig. 3.13 Web strain of joints core（3）

47

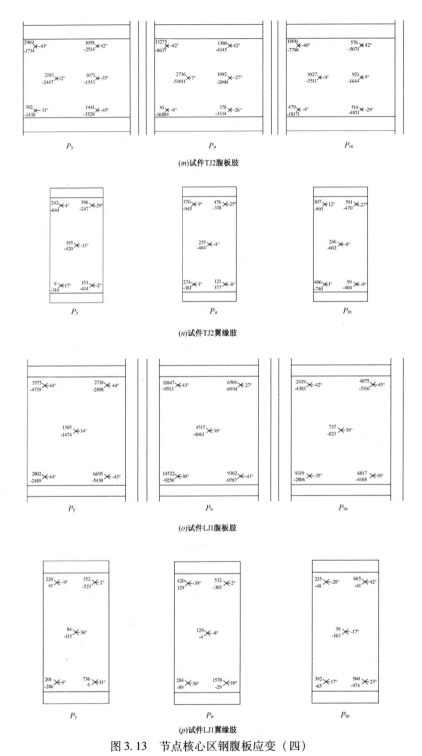

(m)试件TJ2腹板肢

(n)试件TJ2翼缘肢

(o)试件LJ1腹板肢

(p)试件LJ1翼缘肢

图3.13 节点核心区钢腹板应变（四）

Fig. 3.13 Web strain of joints core (4)

48

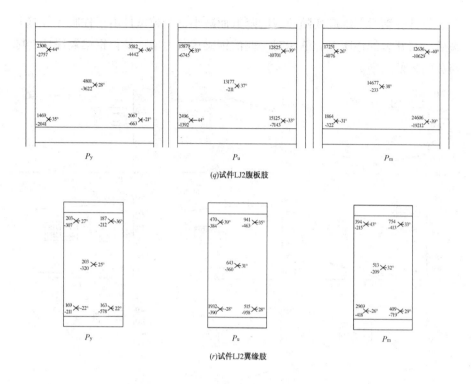

(q)试件LJ2腹板肢

(r)试件LJ2翼缘肢

图 3.13 节点核心区钢腹板应变（五）

Fig. 3.13 Web strain of joints core （5）

当试件达到屈服荷载时，试件节点核心区翼缘肢钢腹板所有测点的主拉应变和主压应变均未达到钢材屈服应变，且对于同一类型的试件，随着柱截面肢高肢厚比的增大，节点翼缘肢钢腹板的主拉应变和主压应变急剧减小。当试件达到极限荷载时，试件 +J1、+J2、+J3 和 TJ1 节点翼缘肢钢腹板所有测点的主拉应变或主压应变达到钢材屈服应变，表明其节点翼缘肢钢腹板进入塑性发展阶段；其余试件节点翼缘肢钢腹板测点的主拉应变和主压应变均未达到钢材屈服应变，综上可知，节点翼缘肢钢腹板塑性发展程度与试件类型、柱截面肢高肢厚比有关。

3.10 试验试件钢梁翼缘和柱翼缘应变分析

本试验中试件钢梁翼缘中部应变片测得的在各特征点的应变数据如图3.14 所示，由图 3.14 可知试件在整个加载过程中钢梁翼缘应变均未达到屈服应变，说明在试验过程中钢梁翼缘未屈服。试件达到屈服后除试件 +J3 和 LJ1，其余试件钢梁翼缘应变均随荷载的提高而增大；试件达到极限荷载后多数试件钢梁翼缘应变随荷载的降低而减小，少数试件由于柱腹板焊缝开裂后，与开裂的柱腹板焊缝相对一侧的钢梁承载力增加使得钢梁翼缘应变随荷载的降低而增大。

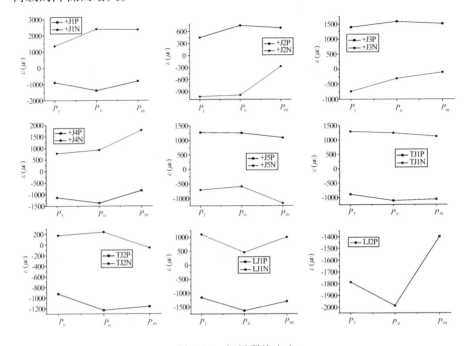

图 3.14　钢梁翼缘应变

Fig. 3.14　Web strain of beam

本试验中试件柱翼缘中部应变片测得的在各特征点的应变数据如图3.15 所示，其中字母 L 表示较长的翼缘，字母 S 表示较短的翼缘，由图可知试件在整个加载过程中除试件 + J1，其余试件柱翼缘应变均未达到屈服应变，说明节点核心区的抗弯强度和刚度较大，其原因是节点内混凝土的存在和内隔板较强的抗拉能力。

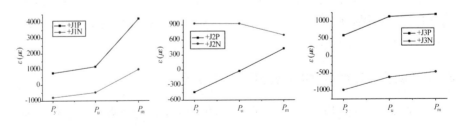

图 3.15　柱翼缘应变（一）

Fig. 3.15　Web strain of column（1）

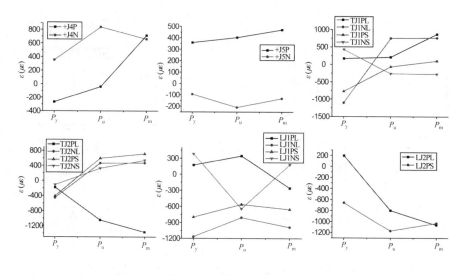

图 3.15 柱翼缘应变（二）

Fig. 3.15 Web strain of column（2）

3.11 节点钢腹板应力分析

为研究矩形钢管混凝土异形柱-钢梁框架节点钢腹板在梁、柱传来的弯矩、力作用下的受力特性，对节点钢腹板的应力-应变进行解析。为了简化分析模型，分析时不考虑节点内混凝土与钢腹板的相互作用，取一侧节点腹板肢与翼缘肢的钢腹板组合体为研究对象，在梁、柱对节点钢腹板的共同作用下该组合体受力如图 3.16 所示，其中 σ_{N1}、σ_{N2} 分别为上段柱和下段柱作用于节点钢腹板的轴向压力，σ_{M1}、σ_{M2} 分别为上段柱和下段柱传来的弯矩作用于节点钢腹板的弯曲应力，Q_{p1}、Q_{p2} 分别为梁、柱作用于节点钢腹板的水平力和竖向力。考虑梁传来的弯矩将主要由内隔板承担，故分析节点钢腹板受力时未考虑梁端弯矩的影响。若假定钢腹板沿板厚方向（Z 方向）的变形为 0，则应力 σ_z 为 0，且应力（σ_x、σ_y）沿板厚方向均匀变化，则该部分的应力问题即为平板平面应力二次解析问题。

从钢腹板上取一平板微小元素 $dxdy$ 进行分析，则由弹性力学可知：

$$\begin{cases} \dfrac{\partial \sigma_x}{\partial x} + \dfrac{\partial \tau_{xy}}{\partial y} = 0 \\ \dfrac{\partial \sigma_y}{\partial y} + \dfrac{\partial \tau_{xy}}{\partial x} = 0 \end{cases} \qquad (3\text{-}7)$$

为便于进行复变函数分析，定义组合应力 Θ 和 Φ，

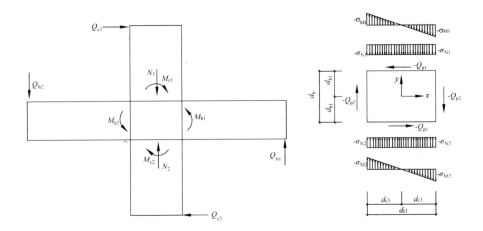

图 3.16　节点钢腹板受力分析图

Fig. 3.16　Mechanical analysis of steel web of joint

$$\begin{cases} \varTheta = \sigma_x + \sigma_y \\ \varPhi = \sigma_x - \sigma_y + 2i\tau_{xy} \end{cases} \tag{3-8}$$

其中 $i = \sqrt{-1}$，由式（3-8）可得：

$$\begin{cases} \sigma_x = \dfrac{1}{4}(2\varTheta + \varPhi + \overline{\varPhi}) \\[2mm] \sigma_x = \dfrac{1}{4}(2\varTheta - \varPhi - \overline{\varPhi}) \\[2mm] \tau_{xy} = \dfrac{i}{4}(\overline{\varPhi} - \varPhi) \end{cases} \tag{3-9}$$

引入变量 z，且定义：

$$\begin{cases} z = x + iy \\ z = x - iy \end{cases} \tag{3-10}$$

则由力的协调条件可知：$\dfrac{\partial \varTheta}{\partial \bar{z}} + \dfrac{\partial \varPhi}{\partial z} = 0$ $\qquad$ (3-11)

由上式构造应力函数 $F(z, \bar{z})$ 得：

$$\varPhi = -\frac{\partial F}{\partial \bar{z}}, \quad \varTheta = \frac{\partial F}{\partial z} \tag{3-12}$$

假定 $F(z, \bar{z})$ 可表示为以下的函数形式：

$$F = 2\{\phi(z) + z\overline{\phi'(\bar{z})} + \overline{\psi(\bar{z})}\} \tag{3-13}$$

将式（3-13）代入式（3-12）可得：

$$\begin{cases} \varTheta = 2\{\phi'(z) + \overline{\phi'(\bar{z})}\} \\ \varPhi = -2\{z\overline{\phi''(\bar{z})} + \overline{\psi'(\bar{z})}\} \end{cases} \tag{3-14}$$

构造函数 $\phi(z)$、$\psi(z)$ 的形式：

$$\begin{cases} \phi(z) = \sum_{n=1}^{3} A_n z^n = A_1 z + A_2 z^2 + A_3 z^3 \\ \psi(z) = \sum_{n=1}^{3} B_n z^n = B_1 z + B_2 z^2 + B_3 z^3 \end{cases} \quad (3-15)$$

对应的，$\overline{\phi}(\bar{z})$、$\overline{\psi}(\bar{z})$ 表示如下：

$$\begin{cases} \overline{\phi}(\bar{z}) = \overline{A}_1 \bar{z} + \overline{A}_2 \bar{z}^2 + \overline{A}_3 \bar{z}^3 \\ \overline{\psi}(\bar{z}) = \overline{B}_1 \bar{z} + \overline{B}_2 \bar{z}^2 + \overline{B}_3 \bar{z}^3 \end{cases} \quad (3-16)$$

其中：

$$\begin{cases} A_1 = \alpha_1 + a_1 i, & \overline{A}_1 = \alpha_1 - a_1 i \\ A_2 = \alpha_2 + a_2 i, & \overline{A}_2 = \alpha_2 - a_2 i \\ A_3 = \alpha_3 + a_3 i, & \overline{A}_3 = \alpha_3 - a_3 i \\ B_1 = \beta_1 + b_1 i, & \overline{B}_1 = \beta_1 - b_1 i \\ B_2 = \beta_2 + b_2 i, & \overline{B}_2 = \beta_2 - b_2 i \\ B_3 = \beta_3 + b_3 i, & \overline{B}_3 = \beta_3 - b_3 i \end{cases} \quad (3-17)$$

将式 (3-15)、式 (3-16) 代入式 (3-14) 可得：

$$\begin{cases} \Theta = 2\{(A_1 + \overline{A}_1) + 2(A_2 z + \overline{A}_2 \bar{z}) + 3(A_3 z^2 + \overline{A}_3 \bar{z}^2)\} \\ \Phi = -2\{z(2\overline{A}_2 + 6\overline{A}_3 \bar{z}) + \overline{B}_1 + 2\overline{B}_2 \bar{z} + 3\overline{B}_3 \bar{z}^2\} \end{cases} \quad (3-18)$$

将式 (3-18)、式 (3-17) 代入式 (3-9) 可得：

$$\begin{cases} \sigma_x = 2\alpha_1 - \beta_1 + (2\alpha_2 - 2\beta_2)x + (-6a_2 + 2b_2)y - 3\beta_3 x^2 \\ \qquad + (-12\alpha_3 + 3\beta_3)y^2 + (-12a_3 + 6b_3)xy \\ \sigma_y = 2\alpha_1 + \beta_1 + (6\alpha_2 + 2\beta_2)x - (2a_2 + 2b_2)y + (12\alpha_3 + 3\beta_3)x^2 \\ \qquad - 3\beta_3 y^2 - (12a_3 + 6b_3)xy \\ \tau_{xy} = b_1 + (2\alpha_2 + 2b_2)x - (2a_2 - 2\beta_2)y + (6\alpha_3 + 3b_3)x^2 \\ \qquad + (6a_3 - 3b_3)y^2 + 6\beta_3 xy \end{cases}$$

$$(3-19)$$

设 N_1、N_2 分别为上段柱、下段柱施加的轴向压力，M_1、M_2 分别为上段柱、下段柱的柱端弯矩，I_c 为柱横截面的抗弯抵抗矩，σ_N 为 σ_{N1}、σ_{N2} 的平均值，σ_M 为 σ_{M1}、σ_{M2} 的平均值，则有：

$$\sigma_N = \frac{N_1 + N_2}{2A_c} \quad (3-20)$$

$$\sigma_M = \frac{(M_{c1} + M_{c2})\ d_{c1}}{4I_c} \tag{3-21}$$

$$Q_{p1} = \frac{M_{b1} + M_{b2}}{2d_b} - \frac{Q_{c1} + Q_{c2}}{4} \tag{3-22}$$

图 3.16 所示的节点钢腹板满足以下边界条件：

（1）当 $x = d_{c3}$ 时，$\sigma_x = 0$ \hfill (3-23)

（2）当 $x = -d_{c3}$ 时，$\sigma_x = 0$ \hfill (3-24)

（3）当 $x = 0$　$y = d_{b1}$ 时，$\sigma_y = -\sigma_N$ \hfill (3-25)

（4）当 $x = 0$　$y = -d_{b1}$ 时，$\sigma_y = -\sigma_N$ \hfill (3-26)

（5）当 $x = d_{c3}$　$y = d_{b1}$ 时，$\sigma_y = -(\sigma_N + \sigma_M)$ \hfill (3-27)

（6）当 $x = -d_{c3}$　$y = -d_{b1}$ 时，$\sigma_y = -(\sigma_N + \sigma_M)$ \hfill (3-28)

（7）当 $x = -d_{c3}$　$y = d_{b1}$ 时，$\sigma_y = -\sigma_N + \sigma_M$ \hfill (3-29)

（8）当 $x = d_{c3}$　$y = -d_{b1}$ 时，$\sigma_y = -\sigma_N + \sigma_M$ \hfill (3-30)

（9）当 $y = d_{b1}$ 时，$t_p \int_{-d_{c3}}^{d_{c3}} \tau_{xy} \mathrm{d}x = -Q_{p1}$ \hfill (3-31)

将式（3-23）~式（3-31）分别代入式（3-19）可解出参数 α_1、α_2、α_3、a_1、a_2、a_3、β_1、β_2、β_3、b_1、b_2、b_3：

$$\begin{cases} \alpha_1 = -\dfrac{\sigma_N}{4} \\[2mm] \beta_1 = -\dfrac{\sigma_N}{2} \\[2mm] b_1 = -\dfrac{Q_{p1}}{2d_{c3}t_p} - \dfrac{\sigma_M d_{c3}}{6d_{b1}} \\[2mm] a_3 = \dfrac{\sigma_M}{24 d_{c3} d_{b1}} \\[2mm] b_3 = \dfrac{\sigma_M}{12 d_{c3} t_p} \\[2mm] \alpha_2 = \beta_2 = \alpha_3 = \beta_3 = a_1 = a_2 = b_2 = 0 \end{cases} \tag{3-32}$$

$$\begin{cases} \sigma_x = 0 \\[2mm] \sigma_y = -\sigma_N - \dfrac{\sigma_M}{d_{c3} d_{b1}} xy \\[2mm] \tau_{xy} = -\dfrac{Q_{p1}}{2d_{c3}t_p} - \dfrac{\sigma_M d_{c3}}{6d_{b1}} + \dfrac{\sigma_M}{2d_{c3} d_{b1}} x^2 \end{cases} \tag{3-33}$$

54

由式（3-33）可以看出，计算得出节点钢腹板的 X 向应力为零，但由试验测得的节点钢腹板应变计算出的 X 向应力不为零，这是由于在式（3-33）的计算中忽略节点内钢与混凝土的相互作用，说明由试验结果得出的钢腹板 X 向应力可反映节点内混凝土与钢腹板的相互作用。图 3.17 表示由节点腹板肢钢腹板中部应变花测得的数据计算得出的 X 向应力与 Von Mises 应力，由图 3.17 可知各试件钢腹板 X 向应力均为拉应力，说明钢腹板环向受拉，这是由于随着节点核心区混凝土受力的增加，其泊松比超过了钢材的泊松比，节点内混凝土和钢管之间产生相互作用的紧箍力。当节点钢腹板达到屈服时，各试件钢腹板 X 向应力约为钢材屈服强度的 10%～30%；当试件达到极限荷载时，试件 +J1、TJ1 和 LJ1 节点钢腹板 X 向应力均达到钢材屈服强度，而试件 +J4、+J5、TJ2 和 LJ2 节点钢腹板 X 向应力未达到钢材屈服强度，说明随着柱截面肢高肢厚比的增加，节点内混凝土和钢管之间的紧箍力逐渐减小。

在本试验中各试件钢管腹板的厚度较小（均为 4mm），为研究节点钢腹板剪应力，假定节点核心区钢管剪应力沿壁厚均匀分布，并沿钢管截面轮廓线的切线方向作用，称该剪应力 τ 与壁厚 t 的乘积 τt 为剪力流。

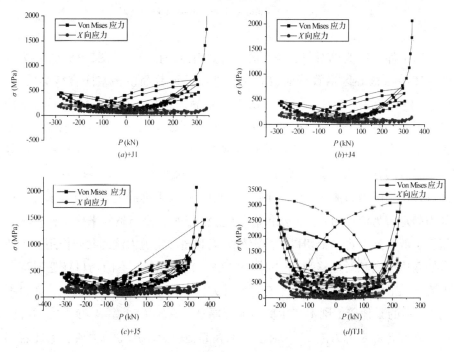

图 3.17　节点钢腹板 X 向应力（一）

Fig. 3.17　X – stress of steel web of joint（1）

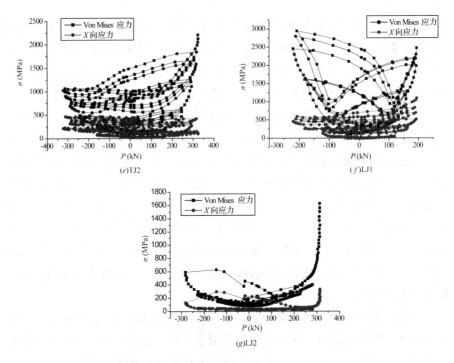

图 3.17 节点钢腹板 X 向应力 （二）

Fig. 3.17 X – stress of steel web of joint （2）

以试件 +J1 为例对节点核心区钢管剪力流进行分析，图3.18（a）为试件 +J1 节点核心区钢管截面剪力流示意图，该截面由多室闭合截面（$i-1$）、i 和（$i+1$）组成，属于 3 次内部超静定结构。在分析该超静定结构时，可在每室开 1 个切口，如图 3.18（b）中切口 a、b 和 c，使钢管截面成为一个完全开口截面，则节点核心区钢管截面剪力流由两部分组成：一部分是切口后的开口截面上的剪力流 q_0，其剪力流在开口处为零；另一部分是开口处作用的剪力流 q_{i-1}，q_i 和 q_{i+1}。其中 q_0 仅根据静定条件就可求得，称其为静定剪力流；而 q_{i-1}、q_i 和 q_{i+1} 需要根据变形协调条件来确定，称其为超静定剪力流。每一个切口在静定剪力流和超静定剪力流的共同作用下，切口处两边纵向相对位移为 0。如图 3.18（b）所示第 i 室的切口处超静定剪力流 q_i 在围成第 i 室的各壁上有逆时针方向、大小相等的剪力流 q_i，而对不属于 i 室的其他壁上则不产生剪力流。同理，在第 $i-1$ 室及 $i+1$ 室的各壁上分别有超静定剪力流 q_{i-1} 及 q_{i+1}，而在其他壁上不产生剪力流。因此若同时在各室中存在剪力流 q_{i-1}、q_i 及 q_{i+1} 作用时，属于第 i 室的各壁上的超静定剪力流分别为：

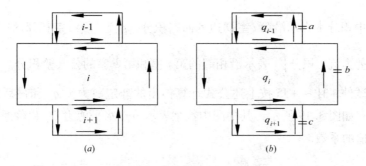

图 3.18 节点钢管剪力流

Fig. 3.18 Shear flow of tube in joint

在第 i 室和 $i-1$ 室的边界壁上：

$$q_{i,i-1} = q_i - q_{i-1} \tag{3-34}$$

在第 i 室和 $i+1$ 室的边界壁上：

$$q_{i,i+1} = q_i - q_{i+1} \tag{3-35}$$

而在第 i 室的其他非边界壁上超静定剪力流只有 q_i 流过。

综上可知，在第 i 室和 $i-1$ 室的边界壁上总剪力流为：

$$q = q_0 + q_{i,i-1} = q_0 + q_i - q_{i-1} \tag{3-36}$$

在第 i 室和 $i+1$ 室的边界壁上总剪力流为：

$$q = q_0 + q_{i,i+1} = q_0 + q_i - q_{i+1} \tag{3-37}$$

在第 i 室的非边界壁上总剪力流为：

$$q = q_0 + q_i \tag{3-38}$$

在第 $i-1$ 室的非边界壁上总剪力流为：

$$q = q_0 + q_{i-1} \tag{3-39}$$

在第 $i+1$ 室的非边界壁上总剪力流为：

$$q = q_0 + q_{i+1} \tag{3-40}$$

假设截面上各节点为 n，则计算静定剪力流 q_0 时需从各室开口截面端点处开始计算，按下式依次算出各节点处的静定剪力流，其中 Q_x、Q_y 为作用于节点核心区的剪力[151]：

$$q_{0,n+1} = q_n - \left[\frac{Q_x}{I_y} \left(x_n + x_{n+1} \right) + \frac{Q_y}{I_x} \left(y_n + y_{n+1} \right) \right] \frac{l_n t_n}{2} \tag{3-41}$$

计算各室超静定剪力流 q_i 时应根据各室在切口处的相对位移为零建立如下变形协调条件：

$$\oint_i \frac{q_0}{t} \mathrm{d}s + q_i \oint_i \frac{\mathrm{d}s}{t} - \sum q_k \int_{i \cdot k} \frac{\mathrm{d}s}{t} = 0 \tag{3-42}$$

其中积分 $\oint_i$ 表示沿第 i 室周边的回路积分，q_k 为与第 i 室相邻的第 k 室的超静定剪力流，积分 $\int_{i\cdot k}$ 表示沿相邻的第 i 室和第 k 室的公共壁积分。

将试件 +J1 ~ +J5 按上述公式计算得出的静定剪力流 q_0 和最后的剪力流 q 分布如图 3.19 所示，其中图中数字表示节点水平剪力 Q_x 和截面惯性矩 I_x 的比值的系数。

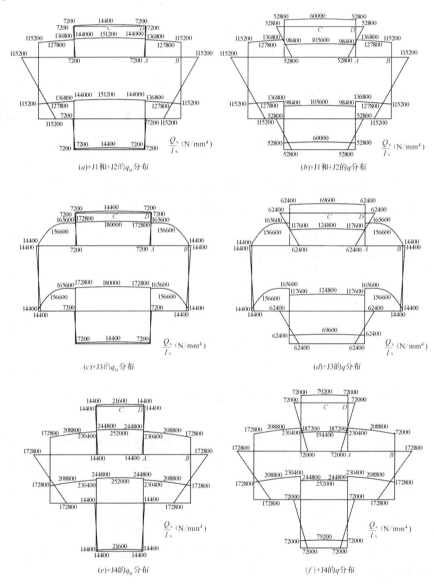

图 3.19　节点钢管剪力流分布（一）

Fig. 3.19　Distribution of shear flow of tube in joint（1）

58

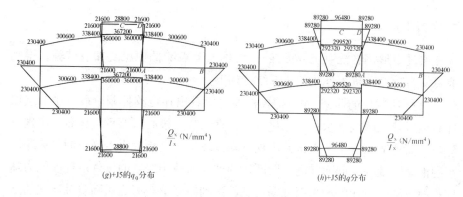

(g)+J5的q₀分布

(h)+J5的q₀分布

图3.19 节点钢管剪力流分布（二）

Fig. 3.19 Distribution of shear flow of tube in joint （2）

图3.19中特征点 A、B、C 和 D 的剪力值可由试验中测得的应变值计算得出，试验中节点钢管各特征点之间剪力流的比值随试件水平荷载的变化规律如图3.20所示。

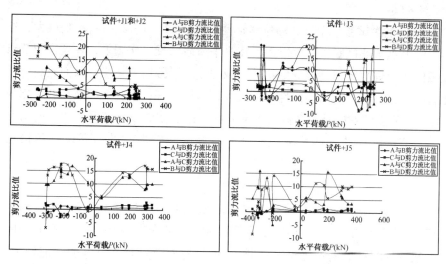

图3.20 节点钢管剪力流比值的试验值

Fig. 3.20 experimental results of ratio shear flow of tube in joint

由图3.20可知，当水平荷载较小时，各特征点之间剪力流的比值较小，随着荷载的增加该比值迅速增大且接近于图3.19中各特征点静定剪力流 q_0 的比值，这是由于试件中混凝土的存在阻碍钢管的变形，使得钢管中超静定剪力流减小，试件节点钢管剪力流的分布规律接近于钢管中静定剪力流 q_0 的分布规律。

59

3.12 本章小结

通过矩形钢管混凝土异形柱-钢梁框架节点的低周反复加载试验,得到节点受力特点和抗震性能的主要结论如下:

(1)从试件的荷载-位移滞回曲线可以看出在位移控制阶段,中节点试件会经历较长的接近水平的强化阶段,直到节点核心区严重破坏时才出现下降段,而边节点、角节点试件出现下降段较早,且承载力下降较明显;滞回环的饱满程度随柱截面肢高、肢厚比的增大而减小,表明试件的耗能能力随柱截面肢高肢厚比的增大而减弱;试件达到极限承载力之后随着轴压比的增大,试件滞回环的饱满程度略有减小,承载力下降较明显。由试件的骨架曲线可以看出,中节点试件具有较好的延性,角节点、边节点试件的延性较中节点试件差;试件承载力按照中节点、边节点和角节点的顺序依次变小,角节点的承载力最小且达到最大承载力之后荷载下降很快,这是由于角节点形状的不规则使得节点受力不均匀、不对称;随着轴压比的增大,节点承载力变化不明显。

(2)本次试验9个试件的位移延性系数 $\mu = 1.44 \sim 2.74$,不是很大,这是由于节点核心区腹板屈服以后,在水平荷载的反复作用下,柱翼缘与节点腹板的连接焊缝突然断裂导致构件承载力迅速下降所致。当柱截面肢高肢厚比为2时,中节点试件的延性系数最大,延性最好;当柱截面肢高肢厚比为3时,边节点试件的延性系数大于中节点;在柱截面肢高肢厚比相同的情况下,角节点试件的延性系数最小。大部分试件破坏时的层间位移角接近1/30,则试件的弹塑性层间位移角高于规程限值,说明矩形钢管混凝土异形柱-钢梁框架节点具有较好的屈服后变形能力。

(3)破坏荷载时试件的等效黏滞阻尼系数最大值为0.316,平均值为0.257,最小值为0.227,均大于钢筋混凝土异形柱框架节点的等效黏滞阻尼系数,说明矩形钢管混凝土异形柱-钢梁框架节点具有较好的耗能能力。试件达到破坏荷载时,其耗能能力仍有提高,并达到最大值,说明试件节点核心区塑性开展的历程较长。

(4)节点在弹性阶段时,核心区的剪切变形很小,节点剪切角在0.001~0.004rad左右;从极限荷载点到破坏荷载点,节点剪切角迅速增大,当柱截面肢高肢厚比为3、4时,破坏时节点核心区的剪切角约0.01~0.03,当柱截面肢高肢厚比为2时,破坏时节点核心区的剪切角约为0.08~0.10。

(5)在位移控制前期,试件的同级加载强度退化程度并不明显;角节点、边节点试件刚度退化的速度较中节点试件慢,且随着柱截面肢高肢厚比的增加，试件刚度退化的速度加快。在位移控制后期，试件强度退化的速度按照中节点、边节点和角节点的顺序依次变大，且随柱截面肢高肢厚比和轴压比的增加均增大；边节点、角节点刚度退化的速度基本不变，而中节点刚度退化的速度略有降低，且随着柱截面肢高肢厚比的增大，试件刚度退化的速度增加。

（6）由试件的荷载-节点腹板肢钢腹板应变滞回曲线可以看出，随着试件柱截面肢高肢厚比的增大，滞回曲线的饱满程度逐渐减小，且试件达到破坏时节点腹板肢钢腹板应变值减小，说明柱截面肢高肢厚比较大的试件节点腹板肢钢腹板残余应变较小，塑性发展缓慢，能量储备能力强，具有较强的抗震性能。试件达到屈服荷载时所有试件节点核心区腹板肢钢腹板均达到屈服；柱截面肢高肢厚比为2时中节点、边节点试件节点核心区翼缘肢钢腹板对节点剪力有一定的贡献。

（7）节点钢腹板水平方向应力可反映节点内混凝土与钢腹板的相互作用，由分析可知试件在受力过程中节点钢腹板水平方向应力均为拉应力，该应力产生于节点内混凝土和钢管之间相互作用的紧箍力，且随着柱截面肢高肢厚比的增加，节点内混凝土和钢管之间的紧箍力逐渐减小。通过试验结果和剪力流理论计算结果的对比分析可得试件节点钢管剪力流的分布规律接近于钢管中静定剪力流的分布规律。

4 矩形钢管混凝土异形柱-钢梁框架节点恢复力特性分析

恢复力模型是将试验中获得的恢复力与变形的关系曲线进行抽象和简化而得到的实用数学模型,其体现结构或构件在反复荷载作用下的力与位移之间的关系,并反映结构或构件在结构弹塑性地震反应中的抗震性能[152]。结构或构件在反复荷载作用下所得到的力-变形曲线为滞回曲线,滞回曲线的外包络线为骨架曲线。恢复力模型包括结构或构件力与变形关系骨架曲线的数学模型和各变形阶段滞回曲线的数学模型,其中前者主要用于结构或构件的静力非线性分析,后者主要用于结构或构件的动力非线性时程分析。恢复力模型是进行结构弹塑性分析的基础,理想的恢复力模型应能够较为真实地反映地震作用下结构或构件的实际受力情况。

目前国内外学者对钢筋混凝土构件恢复力模型的研究较多,对钢管混凝土构件,尤其是矩形钢管混凝土异形柱-钢梁框架节点的恢复力模型的研究才刚刚起步。由于矩形钢管混凝土异形柱-钢梁框架节点的特殊受力性能,应对其恢复力模型进行深入研究。本章在矩形钢管混凝土异形柱-钢梁框架节点试验研究的基础上,结合试验中得到的滞回曲线和恢复力特性的研究和分析,建立适合于矩形钢管混凝土异形柱-钢梁框架节点的恢复力模型,为该类结构的弹塑性时程分析提供理论参考。

4.1 恢复力模型的组成

恢复力模型的研究可以分为材料的恢复力模型、构件的恢复力模型和结构恢复力模型三个层次,其中材料的恢复力模型是在材料应力-应变滞回关系的基础上推导得出的材料本构关系[153~160];构件的恢复力模型主要用于描述构件截面的弯矩-曲率关系和力-位移关系;结构的恢复力模型是在构件的恢复力模型的基础上采用静力弹塑性方法建立的层恢复力模型。

恢复力模型主要由骨架曲线和滞回曲线两部分组成。通过经验公式、程序计算或伪静力试验可以得到双线型、三线型和四线型骨架曲线，其中三线型骨架曲线的关键点包括屈服点、荷载峰值点和破坏点。

工程应用的结构或构件的恢复力模型可通过试验中获得的实际滞回曲线得到。滞回模型归纳起来可以分为两种类型：分段线性模型（或称折线型）和平滑曲线模型（或称曲线型）。反映结构的实际特性（如强度和刚度退化、开裂和屈服、裂缝闭合等）的模型为分段线性模型，典型的分段线性模型有双线性（Bi-linear）模型[161]、退化双线性模型（Clough 模型）[162]、Takeda 模型和 Park 三折线模型[163]。其中双线性模型根据钢材的试验结果提出，考虑了钢材的包辛格效应和应变硬化，实际应用中双线性模型又可进一步分为正双线性、理想弹塑性和负双线性三种情况。退化双线性模型在双线性模型的基础上考虑了再加载时刚度的退化，反映了结构在反复荷载作用下非线性阶段刚度退化的影响。Takeda 模型考虑了卸载刚度的退化，将 Clough 模型改进为考虑开裂、屈服的三折线骨架曲线和复杂的滞回环规则。Park 三折线模型将卸载刚度指向骨架曲线弹性分支上某一固定点[164]。构件刚度由于屈服、卸载和性能退化将产生连续、剧烈的变化，反映这一特性的恢复力模型为平滑曲线模型。平滑曲线模型可分为代数模型和微分模型[165]，其中用代数方程来表示恢复力与位移之间的关系的模型为代数模型，典型的代数模型有 Ramberg-Osgood 模型、Menegotto 和 Pinto 模型；采用微分方程来表示恢复力与位移之间的关系的模型为微分模型，典型的微分模型有 Wen-Bouc 模型和 Ozdemir 模型。

在刚度的确定和计算方法的选择上应用曲线型恢复力模型有较多困难。故折线型模型是目前较为广泛使用的恢复力模型，常用的节点折线型恢复力模型包括双线型、三线型和退化多线型。

4.2　恢复力模型的确定

恢复力模型可以通过三种方法来获得[166]：（1）由材料应力-应变滞回关系经计算并简化得到构件的恢复力模型，在构件截面的弯矩-曲率关系和力-位移关系基础上建立结构的恢复力模型。（2）利用一定的数学模型，通过伪静力试验得到的试验散点图确定出骨架曲线和不同控制变形下的标准滞回环。（3）依据振动台试验或计算结果进行动力参数的识别，即利用系统识别的方法建立结构或构件的恢复力模型。

4.3 矩形钢管混凝土异形柱-钢梁节点恢复力模型

4.3.1 建立的方法

矩形钢管混凝土异形柱-钢梁框架结构兼有钢筋混凝土结构和钢结构的特点，如钢与混凝土之间的粘结滑移、混凝土的开裂和钢材的屈服[167]。本文采用实验拟合法来建立节点恢复力模型。

4.3.2 骨架曲线模型

由第3章的分析可知，矩形钢管混凝土异形柱-钢梁节点的荷载-位移关系曲线大致分为弹性段、弹塑性段及下降段三部分，因此骨架曲线可采用刚度退化三折线模型，三个特征点分别对应于屈服点 A、荷载峰值点 B 和破坏点 C 如图 4.2 所示。破坏点指水平荷载下降到峰值荷载的 85% 时所对应的荷载和位移。将各试件骨架曲线试验点采用无量纲坐标表示在图 4.1 中，图中 $+P_u$、$-P_u$ 分别表示正向极限荷载和负向极限荷载，$+\delta_u$、$-\delta_u$ 分别表示正向极限荷载和负向极限荷载对应的位移。采用刚度退化三折线模型对试验中得到的骨架曲线试验点无量纲后的数据进行线性回归，其结果如图 4.2 所示，式（4-1）～式（4-6）为骨架曲线模型中各线段的线性方程。

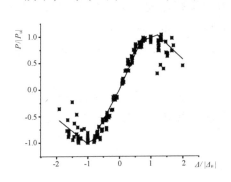

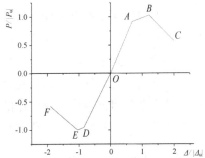

图 4.1 骨架曲线试验点

Fig. 4.1 The test points of
skeleton curves

图 4.2 三折线型骨架曲线模型

Fig. 4.2 Three-line model

$$OA: \quad P/(+P_u) = 1.33814\Delta/(+\Delta_u) \tag{4-1}$$

$$AB: \quad P/(+P_u) = 0.76854 + 0.21253\Delta/(+\Delta_u) \tag{4-2}$$

$$BC: \quad P/(+P_u) = 1.2016 - 0.31374\Delta/(+\Delta_u) \tag{4-3}$$

$$OD: \quad P/|-P_u| = 1.12488\Delta/|-\Delta_u| \tag{4-4}$$

$$DE: \quad P/|-P_u| = -0.77323 + 0.21338\Delta/|-\Delta_u| \tag{4-5}$$

$$EF: \quad P/|-P_u| = -1.37609 - 0.41817\Delta/|-\Delta_u| \tag{4-6}$$

在图 4.2 中点 A 和 D 分别为试件正向、负向屈服点，其坐标为（P_y，Δ_y）；B 和 E 分别为试件正向、负向极限点，其坐标为（P_u，Δ_u）。通过试件屈服前骨架曲线中的试验点回归分析得到刚度退化三折线模型中的线段 OA 和 OD，其斜率表示试件初始阶段刚度；线段 AB 和 DE 由试件屈服后至达到极限荷载时骨架曲线中的试验点回归分析得到，其斜率表示试件屈服后刚度；线段 BC 和 EF 由试件极限荷载后强度退化阶段的骨架曲线中的试验点回归分析得到，其斜率表示试件下降段刚度。

4.3.3 刚度退化规律

钢管混凝土结构或构件，由于钢材、混凝土两种材料本身的非匀质性，其刚度受很多因素的影响。特别在非弹性范围内反复加载时，钢材的包兴格效应，混凝土斜裂缝的出现及钢和混凝土之间的粘结滑移都将影响结构或构件塑性阶段的滞回性能[168、169]。

由试验得到的试件滞回曲线和骨架曲线模型可知，试件加载刚度和卸载刚度均有一定程度的退化，以下给出试件在反复荷载作用下加载刚度与卸载刚度的退化规律。用 K_1 表示正向卸载刚度、K_2 表示反向卸载刚度、K_3 表示反向加载刚度、K_4 表示正向加载刚度。

1. 卸载刚度的退化规律

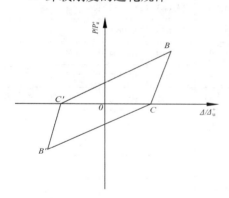

图 4.3　刚度退化规律

Fig. 4.3　The law of stiffness
degeneration

如图 4.3 所示滞回环中 B 为正向卸载点，C 为卸载为零的点，则 BC 两点连线即为正向卸载线，BC 两点连线的斜率表示 K_1。B' 为滞回环中反向卸载点，C' 为卸载为零的点，则 $B'C'$ 两点连线即为反向卸载线，$B'C'$ 两点连线的斜率表示 K_2。通过对试验结果中试件力-位移滞回曲线滞回环的分析计算可得试件的卸载刚度如表 4.1 所示。

由表 4.1 可知，在最初的几个加载位移级试件卸载刚度的衰减相当快，而在较大控制位移的循环下衰减速度减慢。当试件达到破坏时卸载刚度是屈服时卸载刚度的 60% ~ 80%；在同一加载位移级试件后一循环的卸载刚度要比前一循环的略低，其值约为前一循环的 90% 左右，表明节点在承受产生某一振幅的地震荷载后，仍具有承受不超过该振幅地震荷载的能力而不致引起太大的刚度衰减。

表 4.1　试件的卸载刚度表

Table4.1　Unloading rigidity of specimen

	加载位移级	I	II	III	IV	V	VI	VII
+ J1	k_1（第一周）	15.044	13.780	12.750	12.163	11.054	10.341	9.910
	k_1（第二周）	15.047	13.477	12.477	12.120			
	k_1（第三周）	15.050	13.219	12.327	12.059			
	k_2（第一周）	12.208	11.321	10.278	9.931	9.270	9.029	8.754
	k_2（第二周）	12.091	11.134	10.223	9.881			
	k_2（第三周）	11.976	11.094	10.201	9.766			
+ J2	k_1（第一周）	14.649	13.709	12.660	11.620	11.043		
	k_1（第二周）	14.362	13.614	12.518	11.378			
	k_1（第三周）	14.322	12.928	12.330				
	k_2（第一周）	11.749	11.316	10.161	9.578			
	k_2（第二周）	11.480	11.169	10.052	9.503			
	k_2（第三周）	11.428	10.867	10.006				
+ J3	k_1（第一周）	16.236	15.138	14.093	13.158	11.345	9.523	
	k_1（第二周）	16.144	15.083	13.954	13.043	11.343		
	k_1（第三周）	16.079	14.897	13.797	13.036	9.960		
	k_2（第一周）	14.814	13.010	11.996	13.119	10.504	9.660	
	k_2（第二周）	14.755	12.894	11.783	13.002	10.405		
	k_2（第三周）	14.696	12.735	11.735	12.791	10.272		
+ J4	k_1（第一周）	18.356	17.063	14.936	13.908			
	k_1（第二周）	18.296	16.884					
	k_1（第三周）	17.917						
	k_2（第一周）	15.926	15.398	11.813	10.045			
	k_2（第二周）	15.495	15.258	11.172				
	k_2（第三周）	15.437	12.510					
+ J5	k_1（第一周）	20.080	19.377	17.393	16.847			
	k_1（第二周）	19.988	19.362					
	k_1（第三周）	20.011						
	k_2（第一周）	19.527	17.580	15.907	14.717			
	k_2（第二周）	19.331	16.654					
	k_2（第三周）	19.086						

	加载位移级	I	II	III	IV	V
TJ1	k_1（第一周）	11.840	11.190	9.887	9.443	8.967
	k_1（第二周）	11.625	10.777	9.819	9.304	
	k_1（第三周）	11.415	10.701	9.665	9.271	
	k_2（第一周）	11.274	10.941	10.006	9.417	9.353
	k_2（第二周）	11.101	10.848	9.979	9.072	
	k_2（第三周）	11.064	10.809	9.931	8.956	
TJ2	k_1（第一周）	14.361	12.751	12.194	11.669	10.509
	k_1（第二周）	14.250	12.641	12.078	11.558	10.436
	k_1（第三周）	14.158	12.540	12.014	11.352	
	k_2（第一周）	14.641	13.268	12.476	11.853	11.190
	k_2（第二周）	14.615	13.199	12.391	11.737	11.015
	k_2（第三周）	14.593	13.133	12.184	11.618	
LJ1	k_1（第一周）	11.529	10.959	10.049	8.709	
	k_1（第二周）	11.424	10.796	9.870	8.316	
	k_1（第三周）	11.357	10.744	9.833		
	k_2（第一周）	11.133	9.732	9.331	8.501	
	k_2（第二周）	10.898	9.629	9.165	8.355	
	k_2（第三周）	10.788	9.594			
LJ2	k_1（第一周）	13.734	11.892			
	k_1（第二周）	13.530				
	k_1（第三周）	12.565				

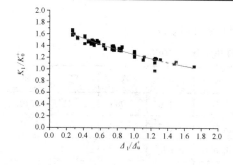

图 4.4　正向卸载刚度 K_1 退化规律曲线

Fig. 4.4　Rigidity Degradation Curve when Positive Unloading

Δ_1 为正向卸载时所对应的卸载点位移，K_0^+ 为正向荷载作用下节点的初始刚度，即由开始加载至试件达到屈服之间的试验点经线性回归得到的斜率，通过回归分析得出 K_1/K_0^+ 与 Δ_1/Δ_u^+ 的关系曲线如图 4.4 所示。

正向卸载刚度回归方程可表示为：

$$K_1/K_0^+ = 0.5505 + 1.2117e^{[-0.5435\Delta_1/(+\Delta_u)]} \qquad (4-7)$$

通过回归分析得出 K_2/K_0^- 与 Δ_2/Δ_u^- 的关系曲线如图4.5所示，其中 K_0^- 为反向荷载作用下节点的初始刚度，即由开始加载至试件达到屈服之间的试验点经线性回归得到的斜率，Δ_2 为反向卸载时所对应的卸载点位移。

反向卸载刚度回归方程可表示为：

$$K_2/K_0^- = 1.0775 + 0.7499e^{[-1.2929\Delta_3/(-\Delta_u)]} \qquad (4-8)$$

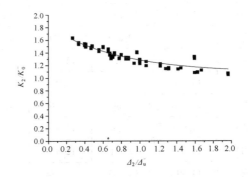

图 4.5　反向卸载刚度 K_2 退化规律曲线

Fig. 4.5　Rigidity Degradation Curve when Reversal Unloading

2. 加载刚度的退化规律

如图4.3所示 C 为滞回环中正向卸载残余点，B' 为反向卸载点，CB' 两点连线即为反向加载线，其斜率表示 K_3。C' 为滞回环中反向卸载残余点，B 为正向卸载点，$C'B$ 两点连线即为正向加载线，其斜率表示 K_4。通过对试验结果中试件力-位移滞回曲线滞回环的分析计算可得试件的加载刚度如表4.2所示。

表4.2　试件的加载刚度表

Table4.2　Loading rigidity of specimen

	加载位移级	I	II	III	IV	V	VI	VII
	k_3（第一周）	8.981	6.455	5.448	4.116	2.986	2.345	1.701
	k_3（第二周）	9.188	6.893	5.410	3.877			
	k_3（第三周）	9.138	6.905	4.902	3.698			
+J1	k_4（第一周）	9.006	7.396	5.657	4.274	3.070	2.445	1.980
	k_4（第二周）	9.261	7.471	5.446	4.037			
	k_4（第三周）	9.248	7.415	4.413	3.864			

加载位移级	I	II	III	IV	V	VI	VII
k_3（第一周）	7.093	5.690	3.939	2.769			
k_3（第二周）	7.310	5.503	3.765	2.301			
k_3（第三周）	7.270	5.380	3.538				
+J2 k_4（第一周）	7.804	5.988	4.365	3.164			
k_4（第二周）	7.849	5.825	4.041	2.352			
k_4（第三周）	7.841	5.695	3.889	1.950			
k_3（第一周）	9.359	7.487	5.432	3.910	2.806	0.879	
k_3（第二周）	9.642	7.667	5.348	3.768	2.563		
k_3（第三周）	9.688	7.625	5.223	3.657	2.379		
+J3 k_4（第一周）	9.955	7.395	5.579	4.047	2.696	1.616	
k_4（第二周）	9.690	7.730	5.396	3.768	2.432		
k_4（第三周）	9.041	7.464	5.235	3.578	2.265		
k_3（第一周）	12.964	8.604	3.797	2.691			
k_3（第二周）	12.472	6.732					
k_3（第三周）	12.515						
+J4 k_4（第一周）	12.200	9.425	1.774				
k_4（第二周）	12.859	8.425					
k_4（第三周）	12.762	2.956					
k_3（第一周）	11.964	8.604	3.797	2.691			
k_3（第二周）	12.472	6.732					
k_3（第三周）	12.515						
+J5 k_4（第一周）	12.200	9.425	2.956	1.774			
k_4（第二周）	12.859	8.425					
k_4（第三周）	12.762						

加载位移级	I	II	III	IV	V
k_3（第一周）	6.772	5.281	3.978	3.036	1.749
k_3（第二周）	7.274	5.522	4.002	2.926	
k_3（第三周）	6.955	5.512	3.932	2.604	
TJ1 k_4（第一周）	6.194	5.174	3.936	2.793	1.493
k_4（第二周）	6.615	5.213	3.873	2.773	
k_4（第三周）	6.796	5.190	3.733	2.429	

	加载位移级	I	II	III	IV	V
TJ2	k_3（第一周）	9.548	8.539	6.648	5.248	4.471
	k_3（第二周）	9.679	8.431	6.739	5.379	3.430
	k_3（第三周）	9.687	8.372	6.674	5.334	
	k_4（第一周）	9.814	9.110	7.152	5.540	4.326
	k_4（第二周）	10.092	9.114	7.183	5.369	3.538
	k_4（第三周）	10.161	9.090	7.124	5.560	
LJ1	k_3（第一周）	7.654	6.024	4.828	3.435	
	k_3（第二周）	7.853	6.122	4.725		
	k_3（第三周）	7.866	6.146	4.610		
	k_4（第一周）	7.077	5.144	4.025	2.672	
	k_4（第二周）	7.268	5.248	3.989	4.532	
	k_4（第三周）	7.211	5.243	3.922		
LJ2	k_3（第一周）	8.861	3.579			
	k_3（第二周）	8.904				
	k_3（第三周）	8.889				

由表4.2可知在最初的几个加载位移级试件加载刚度的衰减相当快，而在较大控制位移的循环下衰减速度减慢。当构件达到屈服以后，其加载刚度逐渐降低，且降低速率随加载循环次数和卸载时位移的增大而增大，反向加载与正向加载刚度退化的速度相差不大。

通过回归分析得出 K_3/K_0^- 与 Δ_1'/Δ_u^+ 的关系曲线如图4.6所示，Δ_1' 为正向卸载时的残余变形。

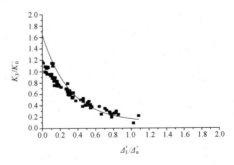

图 4.6 反向加载刚度 K_3 退化规律曲线

Fig. 4.6 Rigidity Degradation Curve when Reversal Loading

反向加载刚度回归方程可表示为：

$$K_3/K_0^- = 0.1046 + 1.5322e^{[-3.1928\Delta_i'/(+\Delta_u)]} \qquad (4-9)$$

通过回归分析得出 K_4/K_0^+ 与 Δ_2'/Δ_u^- 的关系曲线如图 4.7 所示，其中 Δ_2' 为反向卸载时的残余变形。

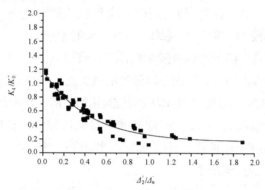

图 4.7　正向加载刚度 K_4 退化规律曲线

Fig. 4.7　Rigidity Degradation Curve when Positive Loading

正向加载刚度回归方程可表示为：

$$K_4/K_0^+ = 0.1643 + 1.0167e^{[-2.3391\Delta_2'/(-\Delta_u)]} \qquad (4-10)$$

4.3.4　恢复力模型的建立

为将实测的矩形钢管混凝土异形柱-钢梁节点的恢复力曲线直接用于结构抗震分析，需将实际的恢复力曲线简化为便于数学描述及工程应用的简化恢复力模型[170、171]。折线型恢复力模型由于计算简单在工程实际中得到广泛应用。通过对实测的节点荷载-位移滞回曲线、回归分析得到的骨架曲线模型和刚度退化规律进行综合分析，得到矩形钢管混凝土异形柱-钢梁节点刚度退化三折线形式的恢复力模型如图4.8所示。

该恢复力模型的特点：

（1）该恢复力模型坐标采用无量纲坐标，结合滞回曲线的形状，在试件滞回环特征点的基础上拟合而成。

（2）图中 Y 和 Y' 分别为试件正向、负向屈服点，P 和 P' 分别为试件正向、负向极限点，U 和 U' 分别为试件正向、负向破坏点，OY、OY' 分别为试件正向、负向弹性段，YP、$Y'P'$ 分别为试件正向、负向屈服段，PU、$P'U'$ 分别为试件正向、负向破坏段。

（3）假定对试件节点进行加载从正向加载开始，正向加载时沿骨架曲线 $OYPU$ 进行，则试件加载、卸载的过程：①若在 OY 段卸载，卸载路线为

YO。②若在 YP 段卸载，卸载路线为 BC，卸载刚度取 K_1；当卸载到 C 点再反向加载时，若反向试件未屈服，指向反向屈服点 Y'，沿 $CY'P'U'$ 发展，其卸载线为 $Y'O$，若反向试件已经屈服，指向上次经过的最大点 B'，沿 $C B'P'U'$ 发展；在 $Y'P'$ 段卸载时，其卸载线为 $B'C'$，卸载刚度按照 K_2 进行计算；当反向卸载到 C' 再正向加载时，指向正向上次经过的最大点 B，沿着 $C'BPU$ 进行。③若在破坏段 PU 卸载，卸载线为 AD，卸载刚度取 K_1；正向卸载到 D 点再反向加载时，若反向未达到极限荷载，指向极限点 P'，则沿着 $DP'U'$ 进行，若反向已经达到极限荷载，指向上次经过的最大点 A'，加载路线为 $DA'U'$；在破坏段 $P'U'$ 卸载时，卸载线为 $A'D'$，卸载刚度取 K_2；反向卸载到 D' 点再正向加载时，加载路线为 $D'AU$。在卸载和再加载过程中，试件屈服以前的加载和卸载均沿着弹性段进行，其刚度为弹性刚度；当构件达到屈服以后其刚度随着位移的增加逐渐降低。

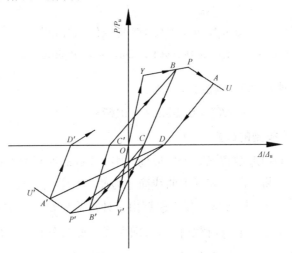

图 4.8　刚度退化三折线恢复力模型

Fig. 4.8　The three – line restoring force model

4.4　骨架曲线与试验结果的比较

将试验得到的骨架曲线与本文得到的模型分别进行比较如图 4.9 所示。

从图 4.9 中可以看出，本文得到的节点恢复力模型在用直线简化后基本上能与试件的骨架曲线相符，吻合良好，由此可验证建立的节点核心区恢复力模型可用于矩形钢管混凝土异形柱-钢梁框架节点的弹塑性反应分析。

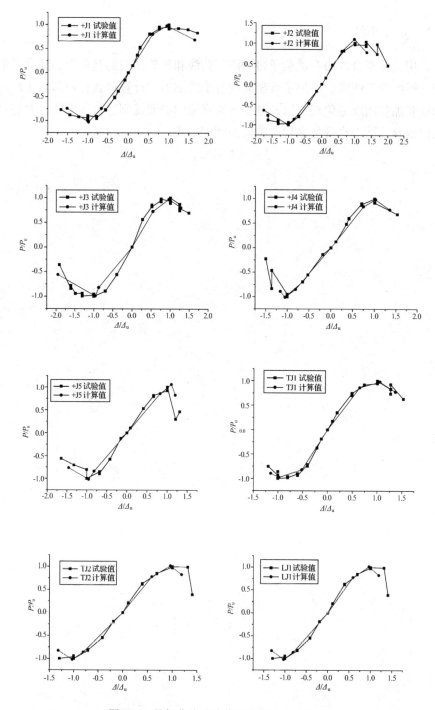

图 4.9　骨架曲线试验值和模型曲线的比较

Fig. 4.9　Comparison for test to calculation results

4.5 本章小结

用试验拟合方法在试验所得的滞回曲线和骨架曲线的基础上，建立了节点三折线骨架曲线，给出了骨架曲线各个关键点的计算公式；对节点正反向卸载和加载刚度退化规律以及基于试验现象的滞回规则进行了分析，并通过回归试验数据得出骨架曲线各阶段的刚度公式。

5 矩形钢管混凝土异形柱-钢梁节点非线性有限元分析

有限元法是一种采用电子计算机求解复杂工程结构的非常有效的数值方法，该方法将所研究的工程系统转化成一个由节点及单元组合而成的有限元系统。有限元法是目前工程技术领域中实用性最强，应用最为广泛的数值模拟方法[172~174]。ANSYS 是目前世界顶端的有限元商业应用程序，是融结构、流体、电场、磁场、声场分析于一体的大型通用有限元分析软件。ANSYS 程序具有强大的三维建模功能和非线性分析功能，可进行几何非线性、材料非线性及状态非线性分析。ANSYS 程序在结构静力分析方面用来求解外部载荷引起的位移、应力和力，在结构非线性分析方面用来解决结构的塑性、蠕变、膨胀、大变形、大应变及接触面等问题；在结构动力分析方面用来求解随时间变化的载荷对结构或部件的影响，包括求解模态分析、谱分析、瞬态动力、谐波响应及随机振动的动力分析问题。

受到人力、物力以及试验条件等因素的制约，试验研究很难得到结构内部的力学性能，因此有限元分析是对结构试验研究的有益补充。为获得矩形钢管混凝土异形柱-钢梁节点在多种工况下的力学性能及受力机理，本章采用大型有限元计算软件 ANSYS10.0 对其进行单调荷载作用下的有限元模拟分析。

5.1 材料的本构模型

5.1.1 不同材料之间的相互作用

在节点域内由于柱钢管、加劲肋焊接在一起形成的翼缘框对核心混凝土有较好的约束作用，使得节点内钢与混凝土的滑移很小。试验后在剥开钢管的过程中，发现节点域钢与混凝土的粘结作用较强，说明在试验过程中钢与混凝土能较好的共同工作。考虑到本书主要研究的是节点核心区的受力情况，因此在有限元分析中忽略钢与混凝土之间粘结滑移的影响，认为二者是共同工作的整体。

5.1.2　材料本构模型

试件有限元模型的混凝土部分采用八节点实体单元 Solid65。在有限元模拟分析中混凝土材料本构模型的选取对于有限元分析结果的精确度有重要的影响。钢管混凝土结构中核心混凝土处于三向受压应力状态，其强度和延性均较单向受压时明显增加，在循环荷载作用下核心混凝土的应力-应变滞回关系的骨架曲线基本上接近于单调加载时的应力-应变曲线。矩形钢管混凝土构件核心区混凝土的本构模型有 Susantha 模型、韩林海模型及钟善桐模型[175~179]。为了能反映出试验过程中节点域的实际受力情况，本章采用韩林海模型，该模型考虑约束效应系数 ξ 和混凝土强度的影响，其中：

$$\xi = \frac{A_s f_y}{A_c f_{ck}} \tag{5-1}$$

式中　A_s、A_c——分别为钢管和混凝土的截面面积；

　　　f_y——钢管的屈服强度；

　　　f_{ck}——混凝土轴心抗压强度。

韩林海模型中核心混凝土等效应力-应变关系模型的表达式为：

$$y = \begin{cases} 2x - x^2 & (x \leqslant 1) \\ \dfrac{x}{\beta_0 \ (x-1)^\eta + x} & (x > 1) \end{cases} \tag{5-2}$$

其中 $x = \varepsilon/\varepsilon_0$，$y = \sigma/\sigma_0$，$\sigma_0 = f'_c$，$f'_c$ 为混凝土圆柱体抗压强度。

$$\varepsilon_0 = \varepsilon_c + 800\xi^{0.2} \times 10^{-6} \tag{5-3}$$

$$\varepsilon_c = (1300 + 12.5f'_c) \times 10^{-6} \tag{5-4}$$

$$\eta = 1.6 + 1.5/x \tag{5-5}$$

$$\beta_0 = \frac{f'^{0.1}_c}{1.2 \ \sqrt{1+\xi}} \tag{5-6}$$

在定义混凝土材料模型时，需要输入混凝土破坏准则定义参数，本文模型中张开裂缝的剪切传递系数 ShrCf-Op 取 0.35，闭合裂缝的剪切传递系数 ShrCf-Cl 取 0.7，单轴抗压强度 UnCompSt 取 −1，抗拉强度 f_t 的 UnTensSt 取值采用拉力截断的 Von Misses 模型，其计算公式为[180~185]：

$$f_t = 0.26f_{cu}^{2/3} \tag{5-7}$$

其中 f_{cu} 为混凝土立方体抗压强度。混凝土单元的泊松比取为 0.2，弹性模量可按下式计算：

$$E_s = \frac{10^5}{2.2 + (33/f_{cu})} \tag{5-8}$$

在 Solid65 单元关键字的定义中，需要考虑 Keyopt（1）和 Keyopt（7）

的设置：Keyopt（1）用于设定大变形控制，本书模型选用不考虑大变形的情况；Keyopt（7）用于设定是否考虑应力松弛，为加速混凝土开裂时计算的收敛，本书模型考虑应力松弛。

试件有限元模型的钢板部分采用八节点六面体单元 Solid45。为反映钢材实测材性特点，本书有限元模型中钢材的屈服准则为 Von Mises 准则，强化模型采用多线性随动强化模型（MKIN），在定义钢材材性时，需根据材性试验结果输入钢材的弹性模量 E_1、切线模量 E_2、泊松比 ν_s 和钢材的屈服强度 f_y。

5.2 有限元模型的建立

5.2.1 创建几何模型并划分网格

本章中试件在有限元分析中几何模型的建立过程：首先依次建立钢管和钢梁的几何实体模型；然后用工作平面分割体的方法建立混凝土、节点加劲肋和柱铰支座的几何模型，使用切割命令时为使切割后的几何体具有规则的几何形状，每次切割的对象均为模型中的所有几何体；最后对几何实体进行合并，对生成的关键点进行压缩，并对几何模型的线，面和体定义单元属性。

ANSYS 程序的网格划分功能包括延伸划分、映像划分、自由划分和自适应划分，本章模型中试件体网格的划分方式为映射网格划分。映像网格划分通过几何模型分解、选择合适的单元属性和网格控制来实现。由于创建几何模型时切割的对象均为模型中的所有几何体，则划分网格时只需设置各单元的尺寸即可保证模型中相邻单元数目相一致。由于混凝土是一种存在软化、开裂的材料，则单元过密将导致应变集中，计算收敛困难，故建立模型时单元网格密度应适宜。支座加载点处可能出现应力集中，为保证其收敛应使用较大的单元网格，本章的试件几何模型的网格划分如图 5.1 所示。

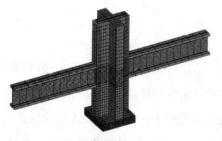

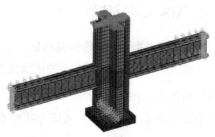

图 5.1　网格划分示意　　　　　图 5.2　边界条件

Fig. 5.1　General view of elements division　　　Fig. 5.2　Boundary condition

5.2.2 边界条件的设置

本试验试件为框架结构梁柱反弯点之间的一个平面组合体，为模拟实际框架结构真实的边界条件，采用柱端加载的方案。柱端加载是在柱端施加水平荷载，梁能够沿水平方向移动而在竖直方向受到约束。当试件受到水平荷载作用时，上柱和梁的反弯点处均可视为沿水平方向移动铰，下柱反弯点处可视为固定铰。本章有限元模型中，为模拟下柱反弯点处的固定铰，在柱底部设置一块长 100mm 的强度和刚度很大的刚性块（$E = 10^{10} \text{MPa}$，$f_y = 10^6 \text{MPa}$），并在刚性块的底面中心沿垂直于试件平面的方向施加 x、y、z 向线约束，使试件以下柱反弯点处为中心实现平面内转动。在有限元分析中试件施加柱轴向压力而未施加水平荷载时，为保证钢梁内不产生内力，需在梁端面施加水平方向约束；当试件开始施加水平荷载时，为模拟梁反弯点处的固定铰，需先解除梁端面施加的水平方向约束，继而在梁端面施加竖直方向约束[186~192]；为保证试件在平面内移动，本章模型对 1/3 钢梁长度范围内梁上下翼缘边上的线段施加垂直于试件平面方向的线约束以防止试件侧向失稳。本书有限元模型的边界条件如图 5.2 所示。

5.2.3 施加荷载与求解

本章模型中柱轴向压力以面荷载的形式施加在柱顶面上，柱顶水平荷载以位移荷载的形式施加在柱顶面上。试件施加位移荷载之前应先将柱顶面上所有节点水平方向的位移耦合到一个关键点上，然后在该关键点上施加水平位移即可。进入 ANSYS 求解器后，通过定义荷载步和荷载子步将荷载分为一系列的荷载增量，本书模型采用基于 Newton-Raphson 法的迭代过程，为加速收敛打开线性搜索以及自适应下降功能，同时增加每个荷载子步的迭代次数限值。试件的收敛标准使用力收敛准则，选取力的二范数，收敛容限为 5%。

5.3 有限元计算结果分析

5.3.1 试件荷载-位移骨架曲线

图 5.3(a) ~ (i) 为试件的试验荷载-位移骨架曲线和计算荷载-位移骨架曲线对比图，由图可知除了试件 LJ2，其余试件的计算荷载-位移骨架曲线和试验骨架曲线基本吻合，说明非线性有限元分析方法对于模拟试件的荷载-位移骨架曲线是可靠的。试件 LJ2 的计算正向荷载-位移骨架曲线明显高于试验骨架曲线，且计算负向荷载-位移骨架曲线中的极限点远高于试验骨架曲线，这是由于在试验中试件 LJ2 在水平位移为 − 30mm、荷载达到 − 145kN 时，柱

腹板焊缝开裂，且该裂缝迅速发展、延伸，试件承载力迅速下降，之后试件单向加载至极限承载力。

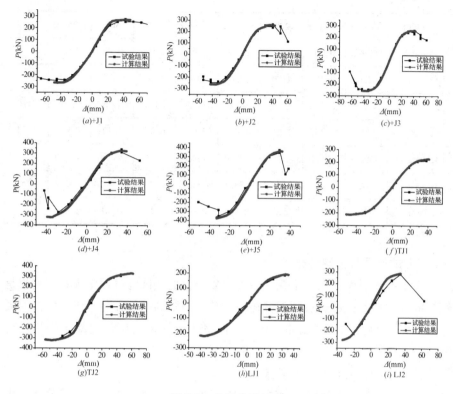

图 5.3　骨架曲线对比

Fig. 5. 3　Comparison of test results with FEM results for skeleton curve

　　表 5.1 给出了试件在极限荷载点荷载、位移试验值和计算值的对比，由表可知试件在极限荷载点荷载、位移试验值和计算值符合较好，有限元分析结果可以反映试件受力性能。

表 5.1　试件节点试验值和计算值在极限点处对比

Table 5. 1　Comparison of test results with FEM results on the ultimate points for joints

试件编号	+J1	+J2	+J3	+J4	+J5	TJ1	TJ2	LJ1	LJ2
P_t^+ (kN)	274.5	268.0	260.0	339.6	378.1	227.0	327.9	198.5	316.9
P_f^+ (kN)	269.1	279.8	279.1	326.9	362.2	243.9	415.8	243.4	385.5
P_t^+/P_f^+	1.02	0.96	0.93	1.04	1.04	0.93	0.79	0.82	0.82
P_t^- (kN)	−265.1	−252.2	−257.7	−293.2	−350.6	−214.2	−325.4	−219.9	

试件编号	+J1	+J2	+J3	+J4	+J5	TJ1	TJ2	LJ1	LJ2
P_f^- (kN)	−269.1	−279.8	−279.1	−326.9	−362.2	−221.8	−363.1	−259.2	
P_t^-/P_f^-	0.99	0.90	0.92	0.90	0.97	0.97	0.90	0.85	
Δ_t^+ (mm)	42.0	40.0	41.0	34.0	29.0	38.0	55.0	38.0	58.0
Δ_f^+ (mm)	41.8	34.2	33.8	34.1	31.9	40.5	49.8	40.4	51.0
Δ_t^+/Δ_f^+	1.01	1.17	1.21	1.00	0.91	0.94	1.10	0.94	1.14
Δ_t^- (mm)	−45.0	−32.0	−27.0	−32.0	−29.0	−50.0	−49.0	−34.0	
Δ_f^- (mm)	−41.8	−34.2	−33.8	−34.1	−31.9	−43.7	−54.5	−32.2	
Δ_t^-/Δ_f^-	1.08	0.94	0.80	0.94	0.91	1.14	0.90	1.06	

5.3.2 试件混凝土裂缝分析

由于钢管混凝土构件由钢管包裹混凝土，故在试验过程中观察到的仅是钢管的破坏情况；通过有限元分析可清楚地观察到试件在各个受力阶段混凝土裂缝发展的过程。以试件 +J1、 +J4 和 LJ1 为例对试件混凝土裂缝进行分析。

（一）试件 +J1 混凝土裂缝

图5.4、图5.5分别表示试件 +J1 腹板肢、翼缘肢混凝土裂缝分布，由图可知试件混凝土第一批裂缝首先在腹板肢节点核心区下侧角部出现，继而在翼缘肢节点核心区下侧角部出现；当节点核心区下侧角部混凝土开裂到一定程度，在试件腹板肢和翼缘肢节点核心区沿其对角方向的上侧角部混凝土均开裂，试件节点核心区混凝土未开裂区表明节点内存在混凝土斜压杆。随着荷载的增加，混凝土第一批裂缝已分布在整个节点核心区域，且向节点外柱上、下端延伸、发展；当试件达到屈服荷载时，试件混凝土第二、三批裂缝已分布在整个节点核心区内，且迅速由核心区中部向周围扩展；当试件达到极限荷载时，试件混凝土第一批裂缝分布在整个混凝土柱上，混凝土第二、三批裂缝已向节点外柱上、下端延伸。试件在各受力阶段，翼缘肢混凝土裂缝的分布范围均小于腹板肢。

（二）试件 +J4 混凝土裂缝

图5.6、图5.7分别表示试件 +J4 腹板肢、翼缘肢混凝土裂缝分布，由图可以看出试件 +J4 混凝土裂缝发展规律与试件 +J1 基本相同，当混凝土第一批裂缝分布在整个节点核心区域时，与翼缘肢相交的节点核心区腹板肢

混凝土裂缝较稀疏，说明翼缘肢的存在约束了腹板肢混凝土，从而抑制了腹板肢与翼缘肢相交面上混凝土裂缝的发展。

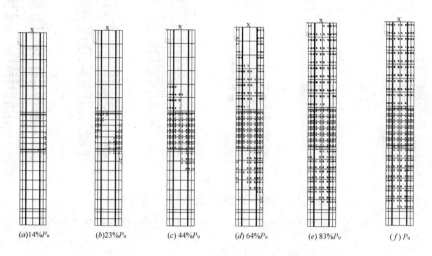

图 5.4　试件 + J1 腹板肢混凝土裂缝分布图

Fig. 5. 4　Distribution of crack of concrete in web-pier wall of　+ J1

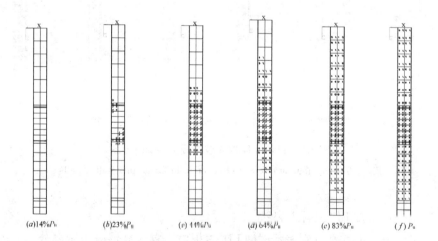

图 5.5　试件 + J1 翼缘肢混凝土裂缝分布图

Fig. 5. 5　Distribution of crack of concrete in flange-pier wall of　+ J1

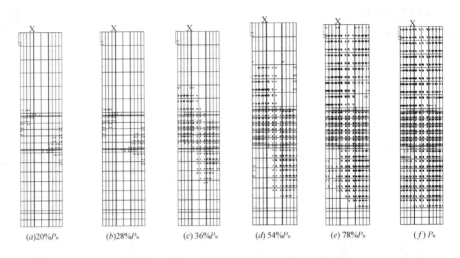

(a)20%P_u (b)28%P_u (c)36%P_u (d)54%P_u (e)78%P_u (f) P_u

图 5.6　试件 + J4 腹板肢混凝土裂缝分布图

Fig. 5.6　Distribution of crack of concrete in web-pier wall of + J4

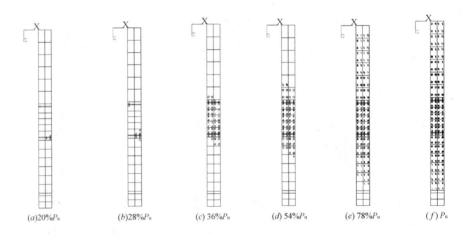

(a)20%P_u (b)28%P_u (c)36%P_u (d)54%P_u (e)78%P_u (f) P_u

图 5.7　试件 + J4 翼缘肢混凝土裂缝分布图

Fig. 5.7　Distribution of crack of concrete in flange-pier wall of + J4

（三）试件 LJ1 混凝土裂缝

图 5.8、图 5.9 分别表示试件 LJ1 腹板肢、翼缘肢混凝土裂缝分布，由图可知试件混凝土第一批裂缝首先在腹板肢节点核心区下侧角部出现，继而在翼缘肢节点核心区下侧角部出现；随着荷载的增加，混凝土开裂区域向节点中部和节点外柱下端延伸、扩展；当试件达到屈服荷载时，试件混凝土第二、三批裂缝已在节点核心区出现，且迅速由核心区中部向周围、节点外柱下端扩展；当试件达到极限荷载时，腹板肢混凝土第一、二批裂缝分布在整

个混凝土柱上，且节点外柱下端的裂缝分布较柱上端更密集。

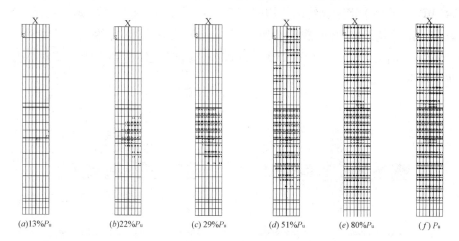

(a)13%P_u (b)22%P_u (c) 29%P_u (d) 51%P_u (e) 80%P_u (f) P_u

图 5.8　试件 LJ1 腹板肢混凝土裂缝分布图

Fig. 5.8　Distribution of crack of concrete in web-pier wall of LJ1

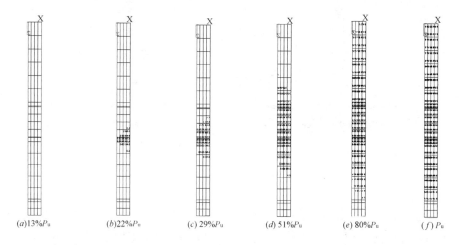

(a)13%P_u (b)22%P_u (c) 29%P_u (d) 51%P_u (e) 80%P_u (f) P_u

图 5.9　试件 LJ1 翼缘肢混凝土裂缝分布图

Fig. 5.9　Distribution of crack of concrete in flange pier wall of LJ1

5.3.3　试件应力图

以试件 +J1、+J4 和 LJ2 为例对试件应力进行分析。

（一）试件 +J1 应力图

图 5.10（a）和图 5.10（b）分别表示试件 +J1 达到屈服荷载、极限荷载时钢管及钢梁的等效应力云图，由图可知试件达到屈服荷载时，翼缘肢节点核心区钢腹板的应力在 146～241MPa，小于钢腹板的屈服强度 284MPa；

83

腹板肢节点核心区钢腹板的应力在 241～337MPa；钢梁翼缘的应力在 193～241MPa，远小于钢梁翼缘的屈服强度 354 MPa，说明试件达到屈服时钢梁未屈服。试件达到极限荷载时，腹板肢节点核心区钢腹板的应力在 289～385MPa，钢梁翼缘的应力在 193～290MPa，说明试件达到极限荷载时钢梁仍未屈服。

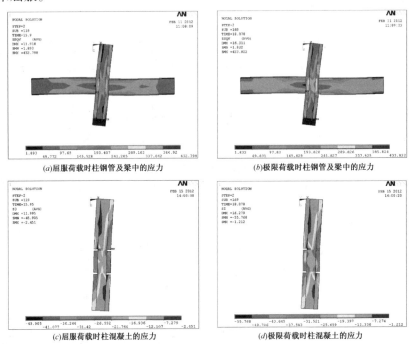

图 5.10　试件 + J1 的应力分布图

Fig. 5.10　Stress distribution of specimen + J1

通过分析试件混凝土部分的第三主应力可得出混凝土的压应力分布规律，图 5.10（c）和图 5.10（d）所示为试件 + J1 分别达到屈服荷载与极限荷载时柱混凝土部分的第三主应力分布图，由图可知试件达到屈服荷载时混凝土第三主应力最大值主要分布在腹板肢节点核心区，且向节点右上端和左下端延伸，混凝土的最大应力可达到 - 36.2MPa；试件达到极限荷载时混凝土第三主应力最大值仍主要分布在腹板肢节点核心区，但主应力已普遍降低，大部分区域的最大应力为 - 31.5～ - 25.5MPa。

（二）试件 + J4 应力图

图 5.11（a）和图 5.11（b）分别表示试件 + J4 达到屈服荷载、极限荷载时柱钢管及钢梁的等效应力云图，由图 5.11（b）可知，试件达到极限荷载时，钢梁翼缘的应力在 333～381MPa，远小于钢梁翼缘的屈服强度

398MPa，说明试件达到极限荷载时钢梁未屈服。

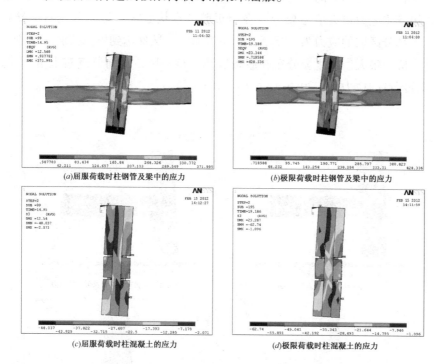

(a)屈服荷载时柱钢管及梁中的应力   (b)极限荷载时柱钢管及梁中的应力

(c)屈服荷载时柱混凝土的应力   (d)极限荷载时柱混凝土的应力

图 5.11 　试件 + J4 的应力分布图

Fig. 5.11 　Stress distribution of specimen + J4

　　图 5.11 （c）和图 5.11 （d）为试件 + J4 分别达到屈服荷载与极限荷载时柱混凝土部分的第三主应力分布图，由图可知与试件 + J1 相同，试件达到屈服荷载时混凝土第三主应力最大值主要分布在腹板肢节点核心区，且向节点右上端和左下端延伸，大部分区域的应力为 - 37.8 ~ - 32.7MPa；试件达到极限荷载时混凝土第三主应力最大值仍主要分布在腹板肢节点核心区，但主应力已普遍降低，大部分区域的应力为 - 28.5MPa ~ - 21.6MPa。

　　（三）试件 LJ2 应力图

　　图 5.12 （a）和图 5.12 （b）分别表示试件 LJ2 达到屈服荷载、极限荷载时柱钢管及钢梁的等效应力云图，由图 5.12 （a）可知，试件达到屈服荷载时，试件腹板肢节点钢腹板和钢梁翼缘的应力均在 278 ~ 333MPa，远小于钢梁翼缘的屈服强度 370MPa，说明试件节点达到屈服而钢梁未屈服。试件达到极限荷载时，钢梁翼缘的应力在 290 ~ 348MPa，说明试件达到极限荷载时钢梁仍未屈服。

　　图 5.12 （c）和图 5.12 （d）所示为试件 LJ2 分别达到屈服荷载与极限

荷载时柱混凝土部分的第三主应力分布图，由图可知试件达到屈服荷载时混凝土第三主应力最大值主要分布在腹板肢节点核心区，且向节点右上端延伸，大部分区域的应力为 −35.5 ～ −28.9 MPa；试件达到极限荷载时混凝土第三主应力最大值仍主要分布在腹板肢节点核心区，且向节点右上端延伸，大部分区域的应力为 −29.6 ～ −20.4 MPa。

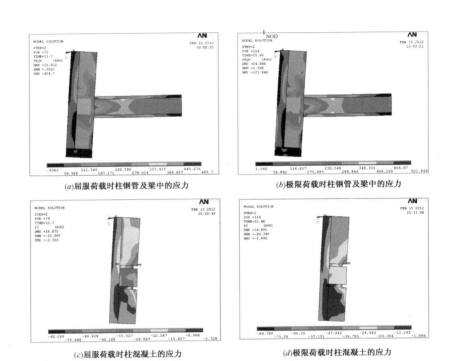

(a)屈服荷载时柱钢管及梁中的应力　　　　(b)极限荷载时柱钢管及梁中的应力

(c)屈服荷载时柱混凝土的应力　　　　　(d)极限荷载时柱混凝土的应力

图 5.12　试件 LJ2 的应力分布图

Fig. 5.12　Stress distribution of specimenLJ2

5.3.4　试件节点钢腹板

以试件 +J1、+J4 和 LJ2 为例对试件节点钢腹板应力进行分析。

（1）试件 +J1 节点钢腹板应力图

本章规定节点腹板肢钢腹板和翼缘肢相交的区域为 A，未与翼缘肢相交的区域为 B，如图 5.13 所示。由图 5.14 可知试件 +J1 在弹性阶段区域 B 和区域 A 的中部钢腹板的应力较高，试件达到屈服荷载时除了 A 中一小部分区域，节点腹板肢钢腹板大部分区域的应力已达到或接近钢腹板的屈服强度；当试件达到极限荷载时节点腹板肢钢腹板除 A 中上、下端小部分区域应力降低外，其余部分应力达到 281～295MPa；试件达到破坏荷载时 B 中的大部分区域应力达到 285~300MPa，但 A 中大部分区域的应力已经降低。

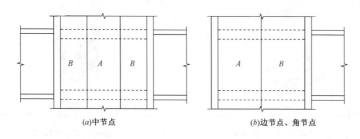

(a)中节点　　　　　　　　　　　(b)边节点、角节点

图 5.13　节点核心区钢腹板分区图

Fig. 5.13　Partition of steel web of joint

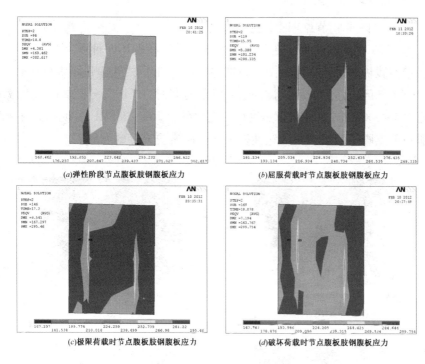

(a)弹性阶段节点腹板肢钢腹板应力　　　　　　(b)屈服荷载时节点腹板肢钢腹板应力

(c)极限荷载时节点腹板肢钢腹板应力　　　　　　(d)破坏荷载时节点腹板肢钢腹板应力

图 5.14　试件+J1 节点腹板肢钢腹板应力分布图

Fig. 5.14　Distribution of stress of steel web in web-pier wall of joint of +J1

图 5.15(a)和图 5.15(b)分别表示试件达到屈服荷载、极限荷载时节点翼缘肢钢腹板的等效应力云图,由图可知试件达到屈服荷载时节点翼缘肢钢腹板的大部分应力为 176~230MPa,未达到钢腹板的屈服强度,说明试件节点翼缘肢钢腹板未屈服;试件达到极限荷载时节点翼缘肢钢腹板中部应力达到或接近钢腹板的屈服强度,说明节点翼缘肢钢腹板部分进入塑性发展阶段。

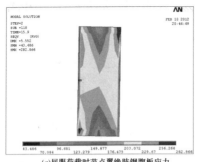
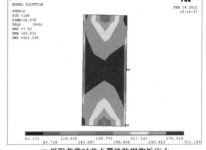

(a)屈服荷载时节点翼缘肢钢腹板应力　　　(b)极限荷载时节点翼缘肢钢腹板应力

图 5.15　试件 +J1 节点翼缘肢钢腹板应力分布图

Fig. 5.15　Distribution of stress of steel web in flange-pier wall of joint of +J1

（2）试件 +J4 节点钢腹板应力图

图 5.16 表示试件 +J4 在弹性、屈服、极限和破坏四种受力状态下节点腹板肢钢腹板的等效应力云图。与试件 +J1 相比，试件达到屈服荷载时，A中只有中部区域达到屈服；试件达到极限荷载时，B 中部分区域应力继续增加至 295 ~306MPa，A 中大部分区域的应力降至 263 ~285MPa，说明试件 +J1屈服后节点腹板肢钢腹板的塑性较试件 +J4 有更充分的发展。

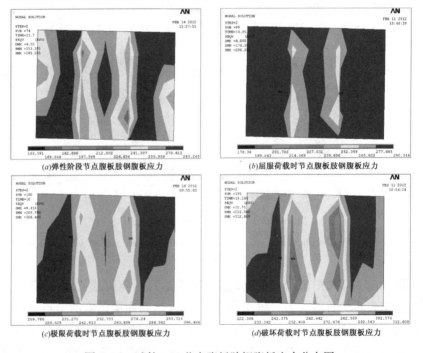

(a)弹性阶段节点腹板肢钢腹板应力　　　(b)屈服荷载时节点腹板肢钢腹板应力

(c)极限荷载时节点腹板肢钢腹板应力　　　(d)破坏荷载时节点腹板肢钢腹板应力

图 5.16　试件 +J4 节点腹板肢钢腹板应力分布图

Fig. 5.16　Distribution of stress of steel web in web-pier wall of joint of +J4

图 5.17（a）和图 5.17（b）分别表示试件达到屈服荷载、极限荷载时节点翼缘肢钢腹板的等效应力云图，由图可知试件达到屈服荷载时节点翼缘肢钢腹板的大部分应力为 71～91MPa，而极限荷载时节点翼缘肢钢腹板的大部分应力为 204～239MPa，均小于试件 +J1 的相应应力值，说明随着柱截面肢高肢厚比的增加，试件翼缘肢节点钢腹板对承载力的贡献减小。

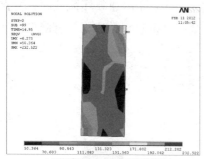

(a)屈服荷载时节点翼缘肢钢腹板应力

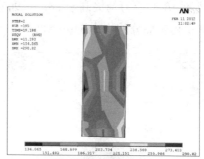
(b)极限荷载时节点翼缘肢钢腹板应力

图 5.17　试件 +J4 节点翼缘肢钢腹板应力分布图

Fig. 5.17　Distribution of stress of steel web in flange-pier wall of joint of +J4

（3）试件 LJ2 节点钢腹板应力图

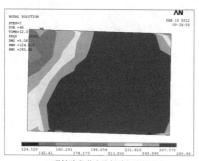
(a)弹性阶段节点腹板肢钢腹板应力

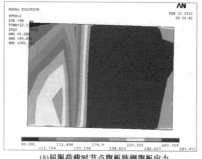
(b)屈服荷载时节点腹板肢钢腹板应力

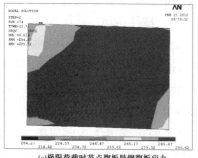
(c)极限荷载时节点腹板肢钢腹板应力

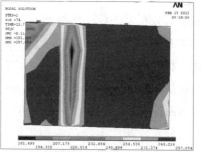
(d)破坏荷载时节点腹板肢钢腹板应力

图 5.18　试件 LJ2 节点腹板肢钢腹板应力分布图

Fig. 5.18　Distribution of stress of steel web in web-pier wall of joint of LJ2

图 5.18 表示试件 LJ2 节点腹板肢钢腹板在弹性、屈服、极限和破坏四种受力状态下节点腹板肢钢腹板的等效应力云图。由图可知试件屈服前钢腹板区域 B 的应力在 264~285MPa，接近钢腹板的屈服强度，而区域 A 的应力多数在 155~242MPa；当试件达到屈服荷载时钢腹板区域 B 中的应力均达到钢腹板的屈服强度，A 中部分区域接近屈服；当试件达到极限荷载时钢腹板区域 A、B 的应力均提高至 285~296MPa；当试件达到破坏荷载时，除区域 A 和 B 相交部分的应力迅速降低外，其余部分钢腹板的应力没有降低。

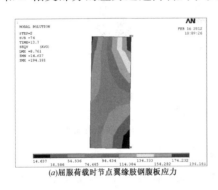
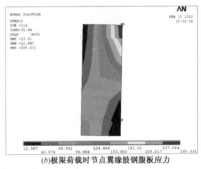

(a)屈服荷载时节点翼缘肢钢腹板应力   (b)极限荷载时节点翼缘肢钢腹板应力

图 5.19   试件 LJ2 节点翼缘肢钢腹板应力分布图

Fig. 5.19   Distribution of stress of steel web in flange-pier wall of joint of LJ2

（4）试件节点钢腹板应力发展过程

试件节点钢腹板是节点的主要抗剪元件之一，研究钢腹板应力的发展过程有助于确定试件的破坏形式和抗剪机理。图 5.20 表示试件节点腹板肢钢腹板 Mises 应力和剪应力的发展过程，图中 H 表示所截取的节点核心区横断面距柱上端面的距离，其中 $H = 750$mm 表示截取的节点核心区横断面为中心横断面，P_u 为试件的极限荷载。

由图 5.20 可知中节点试件节点腹板肢钢腹板中心横断面的 Mises 应力和剪应力分布关于柱子中线是对称的。中节点试件在加载初期钢腹板中心横断面的 Mises 应力分布为中间小两端大，说明钢腹板区域 B 中的应力较大。随着荷载的增加，钢腹板区域 A 中的应力逐渐增大，且区域 A 中部的应力增加较快。钢腹板区域 B 中的 Mises 应力屈服从区域 A、B 的交线开始，并逐渐向两端扩展；钢腹板区域 A 中的 Mises 应力屈服从中心位置开始，由于应力重分布，塑性不断向两端扩展，区域 A 的边缘很快达到屈服。当试件屈服后应力值逐渐趋于均匀，由于强化作用区域 A、B 各位置的 Mises 应力值超过了屈服强度。中节点试件节点腹板肢钢腹板中心横断面的剪应力分布为中间大两端小，说明钢腹板区域 A 中的剪应力较大，且随着柱截面肢高肢厚比的增加，区域 A、B 的峰值之差逐渐增大；试件 + J1 屈服后节点腹板肢钢腹板剪应力仍继续增大，但试件 + J4 和 + J5 屈服后节点腹板肢钢腹板剪应力不断减小，且试件 + J5 剪应力减小的幅度较大。

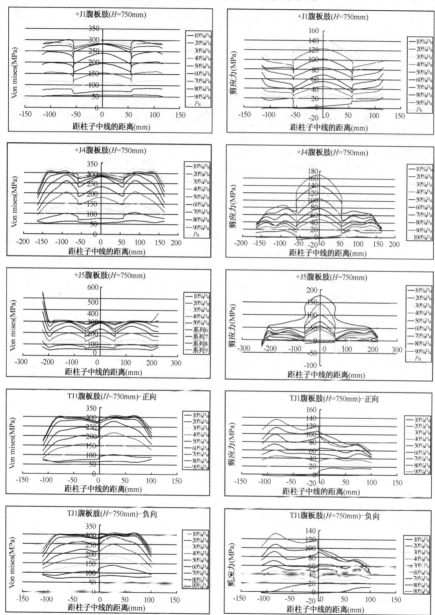

图 5.20　试件节点腹板肢钢腹板 Mises 应力和剪应力的发展过程（一）

Fig. 5.20　Development process of Mises stress and shear stress of steel web in web-pier wall of joint of specimen （1）

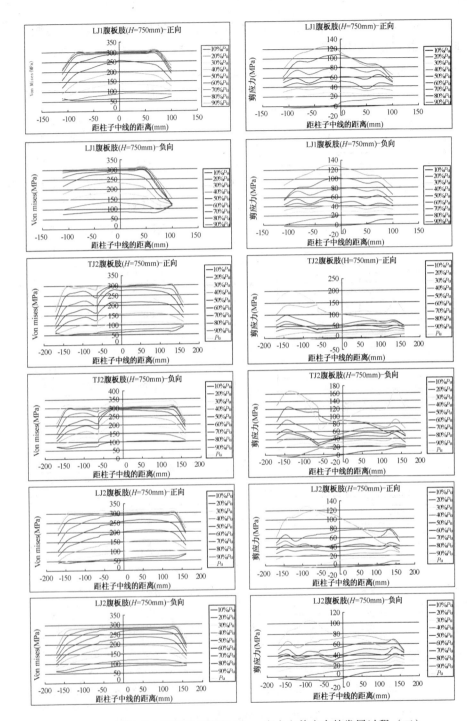

图 5.20　试件节点腹板肢钢腹板 Mises 应力和剪应力的发展过程（二）

Fig. 5.20　Development process of Mises stress and shear stress of steel web
in web-pier wall of joint of specimen（2）

边节点试件节点腹板肢钢腹板中心横断面的 Mises 应力和剪应力分布关于柱子中线是非对称的，且其应力分布的特点不受试件加载方向的影响。试件屈服前区域 B 的 Mises 应力高于区域 A，这是由于边节点试件的翼缘肢部分分担了区域 A 的剪力；试件屈服后区域 B 的 Mises 应力值超过了屈服强度，由于应力重分布，塑性不断向区域 A 扩展，区域 A 很快达到屈服。边节点试件节点腹板肢钢腹板中心横断面的剪应力在加载初期分布均匀，随着荷载的增加区域 B 的剪应力逐渐高于区域 A，说明边节点试件节点腹板肢钢腹板剪应力分布与钢腹板塑性发展的程度相关。

角节点试件节点腹板肢钢腹板中心横断面的 Mises 应力分布的特点受试件加载方向的影响。当试件正向加载时，试件屈服前节点腹板肢钢腹板区域 B 的 Mises 应力略高于区域 A，随着荷载的增加钢腹板的应力分布趋于均匀；当试件负向加载时，试件区域 B 的 Mises 应力随偏离柱子中线距离的增加而迅速减小。试件屈服前节点腹板肢钢腹板的剪应力分布关于柱子中线是对称的，之后随着荷载的不断增大区域 A 的剪应力迅速增加，而区域 B 的剪应力逐渐减小。

以试件 +J1 为例分析节点翼缘肢钢腹板 Mises 应力和剪应力的发展过程，由图 5.21 可知在整个加载过程中试件 +J1 节点翼缘肢钢腹板 Mises 应力分布均匀，且关于柱子中线是对称分布的；当试件达到极限荷载时，翼缘肢钢腹板的 Mises 应力值达到了钢材的屈服强度。试件 +J1 节点翼缘肢钢腹板剪应力的分布同样关于柱子中线是对称分布的，且随着偏离柱子中线距离的增加，钢腹板剪应力逐渐增大。

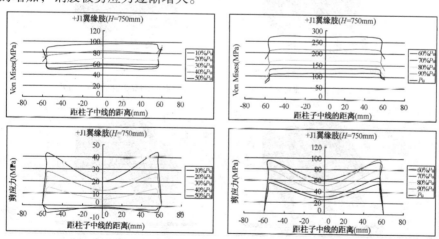

图 5.21 试件 +J1 节点翼缘肢钢腹板 Mises 应力和剪应力的发展过程

Fig. 5.21 Mises stress and shear stress of steel web in flange-pier wall of joint of +J1

5.3.5 试件节点混凝土

（一）试件节点混凝土应力图

以试件 +J1、+J4 和 LJ2 为例对试件节点混凝土应力进行分析。

（1）试件 +J1 节点混凝土应力图

图 5.22 表示试件 +J1 节点腹板肢混凝土在弹性、屈服、极限和破坏四个受力状态下的第三主应力分布图，图中混凝土块的上表面为节点核心区的正面。由图可知试件在正向水平荷载作用下，节点混凝土第三主应力较大值主要分布在节点右上端至左下端的倾斜的带状区域，而节点混凝土第三主应力较小值主要分布在节点左上端至右下端的倾斜的带状区域，这和斜压杆模型相吻合，即认为节点核心区混凝土主要依靠两侧钢管壁之间的左下端至右上端倾斜区域来承担剪力。当试件达到屈服荷载时节点左下端至右上端的混凝土斜压区域的应力均有所提高，大部分区域的应力为 −33.7 ～ −29.8MPa，但应力分布仍是沿对角线方向两端较大，中间较小。当试件达到极限荷载时节点左上端至右下端的倾斜的带状区域的应力迅速减小，且应力减小的区域不断扩大、延伸至混凝土斜压区域，说明该区域混凝土的受拉裂缝逐渐增多并扩展；随着试件荷载的不断增大，混凝土斜压区域的应力逐渐降低，大部分区域的应力为 −31.9 ～ −22.4MPa，说明混凝土斜压杆达到极限强度后破坏。

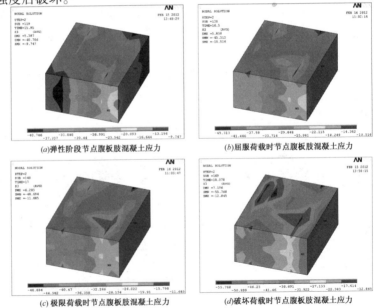

（a）弹性阶段节点腹板肢混凝土应力   （b）屈服荷载时节点腹板肢混凝土应力

（c）极限荷载时节点腹板肢混凝土应力   （d）破坏荷载时节点腹板肢混凝土应力

图 5.22　试件 +J1 节点腹板肢混凝土应力分布图

Fig. 5.22　Distribution of stress of concrete in web-pier wall of joint of +J1

图 5.23 表示试件 +J1 节点核心区翼缘肢混凝土在屈服和极限两个受力状态下的第三主应力分布图，由图可知当试件达到屈服荷载时，节点翼缘肢混凝土第三主应力较大值主要分布在节点左下端至右上端的倾斜的带状区域，这与腹板肢混凝土斜压区域的方向相同，且应力分布仍是沿对角线方向两端较大，大部分区域应力为 −30.1 ~ −22.1MPa。当试件达到极限荷载时，节点核心区混凝土斜压区域的应力沿对角线方向均匀分布，大部分区域的应力为 −32.6 ~ −28.2MPa。

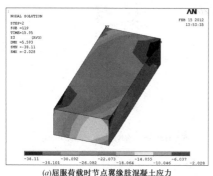

(a)屈服荷载时节点翼缘肢混凝土应力　　　　　　(b)极限荷载时节点翼缘肢混凝土应力

图 5.23　试件 +J1 节点翼缘肢混凝土应力分布图

Fig. 5.23　Distribution of stress of concrete in flange-pier wall of joint of +J1

由图 5.24 可知试件 +J1 节点腹板肢混凝土第三主应力沿对角线方向，规定试件节点腹板肢混凝土与翼缘肢混凝土相交的部分为 C，未与翼缘肢混凝土相交的部分为 D。由图可知由于翼缘肢的存在引起应力重分布，区域 C 和 D 相交的部分其主应力较高，其余部分的主应力大小分布均匀，试件 +J1节点翼缘肢混凝土的第三主应力方向沿对角线方向，且节点内右上端和左下端的主应力较高，说明节点翼缘肢混凝土右上端至左下端沿对角线方向的区域存在混凝土斜压杆。

（2）试件 +J4 节点混凝土应力图

图 5.25 表示试件 +J4 节点腹板肢混凝土在弹性、屈服、极限和破坏四个受力状态下的第三主应力分布图，由图可知节点混凝土第三主应力较大值主要分布在节点沿对角线方向左下端至右上端的倾斜的区域。当试件达到屈服荷载时，沿对角线方向的节点混凝土斜压杆的倾角发生变化，该区域的主应力最大值主要分布在节点核心区中部沿对角线方向的带状区域，应力为 −35.1 ~ −32.4MPa。随着荷载的增大，混凝土斜压杆的应力逐步降低，在试件达到极限荷载时节点核心区中部的应力降至 −25.9 ~ −17.2MPa。

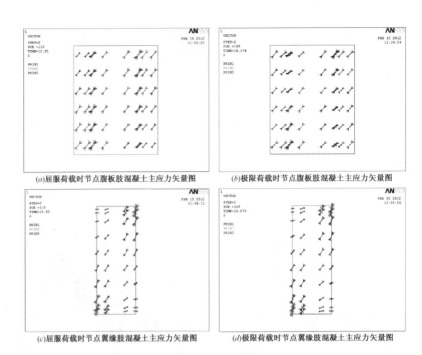

(a)屈服荷载时节点腹板肢混凝土主应力矢量图　　　　(b)极限荷载时节点腹板肢混凝土主应力矢量图

(c)屈服荷载时节点翼缘肢混凝土主应力矢量图　　　　(d)极限荷载时节点翼缘肢混凝土主应力矢量图

图 5.24　试件 + J1 节点混凝土主应力矢量图

Fig. 5.24　Vector of principal stress of concrete of joint of ＋J1

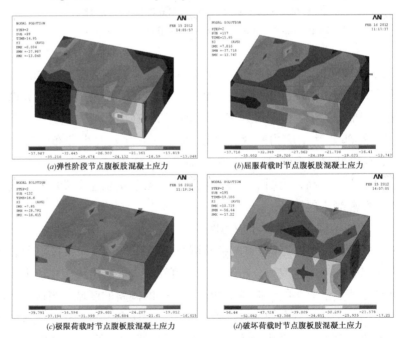

(a)弹性阶段节点腹板肢混凝土应力　　　　(b)屈服荷载时节点腹板肢混凝土应力

(c)极限荷载时节点腹板肢混凝土应力　　　　(d)破坏荷载时节点腹板肢混凝土应力

图 5.25　试件 + J4 节点腹板肢混凝土应力分布图

Fig. 5.25　Distribution of stress of concrete in web-pier wall of joint of ＋J4

图 5.26 表示试件 +J4 节点核心区翼缘肢混凝土在屈服和极限两个受力状态下的第三主应力分布图，由图可知当试件达到屈服荷载时，节点翼缘肢混凝土第三主应力较大值主要分布在节点左下端至右上端的倾斜带状区域，大部分区域的应力为 $-31 \sim -27.9$ MPa。当试件达到极限荷载时，节点核心区翼缘肢混凝土中部的应力最小，降至 $-23.9 \sim -17.4$ MPa，表明混凝土斜压区域的中部逐渐破坏，强度降低。

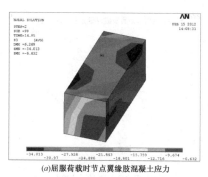 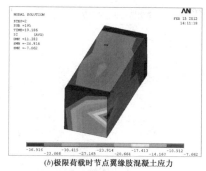

(a)屈服荷载时节点翼缘肢混凝土应力　　(b)极限荷载时节点翼缘肢混凝土应力

图 5.26　试件 +J4 节点翼缘肢混凝土应力分布图

Fig. 5.26　Distribution of stress of concrete in flange-pier wall of joint of +J4

由图 5.27 可知试件 +J4 节点腹板肢混凝土第三主应力沿对角线方向，由于柱截面肢高肢厚比较大，节点腹板肢混凝土的主应力大小分布均匀。试件 +J4 节点翼缘肢混凝土的第三主应力沿对角线方向，且节点内左下端和右上端的主应力较高，与试件 +J1 相比，节点翼缘肢混凝土的主应力较小。

（3）试件 LJ2 节点混凝土应力图

图 5.28 表示试件 LJ2 节点腹板肢混凝土在弹性、屈服、极限和破坏四个受力状态下的第三主应力分布图。由图可知当试件达到屈服荷载时，节点混凝土第三主应力较大值主要分布在区域 D，这是由于区域 C 与翼缘肢相连，而节点翼缘肢钢腹板和混凝土可承担一部分节点剪力，因此与区域 D 相比区域 C 中混凝土将承担相对小的剪力。区域 C 和区域 D 中混凝土第三主应力较大值均分布在沿对角线方向的斜压区域，区域 D 中大部分区域的应力为 $-34.1 \sim -30.2$ MPa，区域 C 中大部分区域的应力为 $-30.2 \sim -26.4$ MPa，说明区域 D 中混凝土斜压区域应力高于区域 C 中混凝土斜压区域应力。试件屈服后区域 D 中混凝土斜压区域应力迅速降低，而区域 C 中混凝土斜压区域应力升高至 $-35.8 \sim -31.3$ MPa，而后也迅速降低。当试件达到极限荷载时，区域 C 中部混凝土应力降至 $-21.6 \sim -15.7$ MPa，区域 D 中混凝土大部分区域的应力降为 $-27.5 \sim -21.6$ MPa。

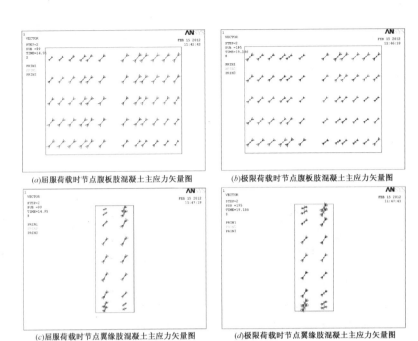

(a)屈服荷载时节点腹板肢混凝土主应力矢量图　　　　(b)极限荷载时节点腹板肢混凝土主应力矢量图

(c)屈服荷载时节点翼缘肢混凝土主应力矢量图　　　　(d)极限荷载时节点翼缘肢混凝土主应力矢量图

图 5.27　试件 + J4 节点混凝土主应力矢量图

Fig. 5.27　Vector of principal stress of concrete joint of + J4

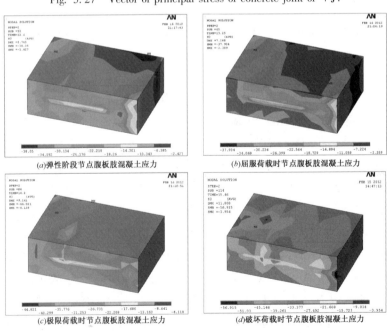

(a)弹性阶段节点腹板肢混凝土应力　　　　(b)屈服荷载时节点腹板肢混凝土应力

(c)极限荷载时节点腹板肢混凝土应力　　　　(d)破坏荷载时节点腹板肢混凝土应力

图 5.28　试件 LJ2 节点腹板肢混凝土应力分布图

Fig. 5.28　Distribution of stress of concrete in web-pier wall of joint of LJ2

图 5.29 表示试件 LJ2 节点核心区翼缘肢混凝土在屈服和极限两个受力状态下的第三主应力分布图,由图可知两个受力状态下节点翼缘肢混凝土第三主应力较大值均分布在节点左下端至右上端的倾斜的带状区域,且大部分区域的应力均为 $-27.5 \sim -21.6$ MPa。

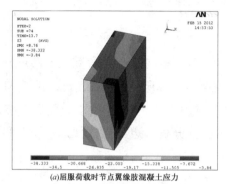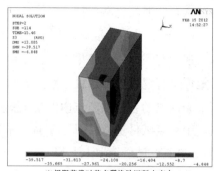

(a)屈服荷载时节点翼缘肢混凝土应力　　　　(b)极限荷载时节点翼缘肢混凝土应力

图 5.29　试件 LJ2 节点翼缘肢混凝土应力分布图

Fig. 5.29　Distribution of stress of concrete in flange-pier wall of joint of LJ2

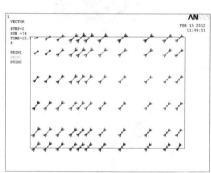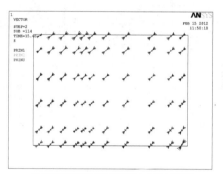

(a)屈服荷载时节点腹板肢混凝土主应力矢量图　　　(b)极限荷载时节点腹板肢混凝土主应力矢量图

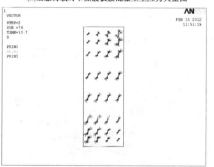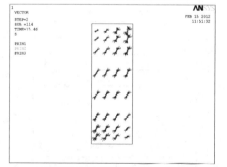

(c)屈服荷载时节点翼缘肢混凝土主应力矢量图　　　(d)极限荷载时节点翼缘肢混凝土主应力矢量图

图 5.30　试件 LJ2 节点混凝土主应力矢量图

Fig. 5.30　Vector of principal stress of concrete of joint of LJ2

由图 5.30 可知试件 LJ2 节点腹板肢混凝土第三主应力沿对角线方向，由于翼缘肢的存在引起应力重分布，区域 C 和 D 相交的部分主应力较高。试件 LJ2 节点翼缘肢混凝土的第三主应力沿对角线方向，且节点内左下端和右上端的主应力较高，说明节点翼缘肢混凝土左下端至右上端沿对角线方向的区域存在混凝土斜压杆。

（二）试件节点混凝土最小主应力-等效应变图

根据有限元分析结果中混凝土单元节点的最小主应力-等效应变图可分析矩形钢管混凝土异形柱-钢梁节点内混凝土实际所受约束的情况。图 5.31 所示为选取的各试件节点内混凝土斜压杆典型节点的最小主应力-等效应变图。中节点试件选取 +J1、+J4、+J5 进行分析，边节点试件选取 TJ1 和 TJ2，角节点试件选取 LJ1 和 LJ2。

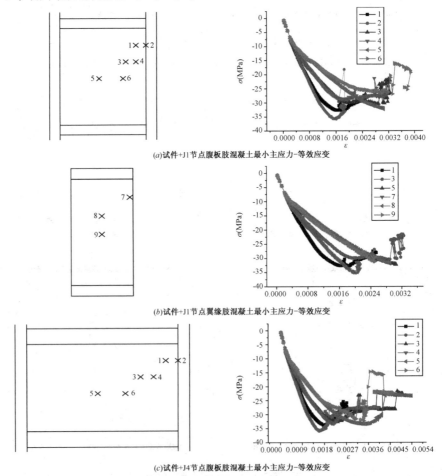

(a)试件+J1节点腹板肢混凝土最小主应力-等效应变

(b)试件+J1节点翼缘肢混凝土最小主应力-等效应变

(c)试件+J4节点腹板肢混凝土最小主应力-等效应变

图 5.31　试件节点混凝土最小主应力-等效应变（一）

Fig. 5.31　Minimum principal stress-equivalent strain of concrete in joint of specimen （1）

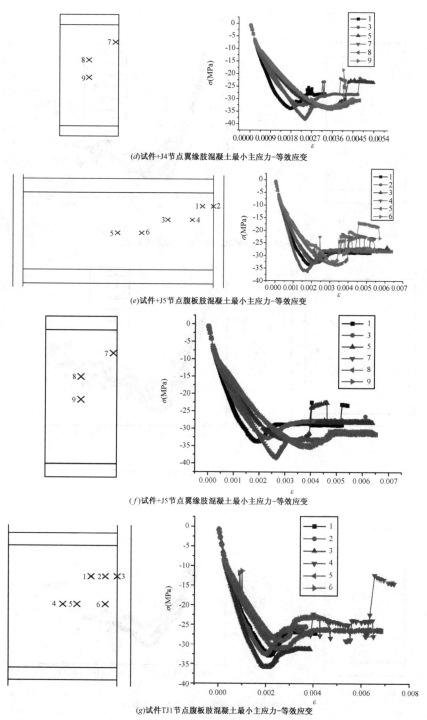

(d)试件+J4节点翼缘肢混凝土最小主应力-等效应变

(e)试件+J5节点腹板肢混凝土最小主应力-等效应变

(f)试件+J5节点翼缘肢混凝土最小主应力-等效应变

(g)试件TJ1节点腹板肢混凝土最小主应力-等效应变

图 5.31　试件节点混凝土最小主应力-等效应变（二）

Fig. 5.31　Minimum principal stress-equivalent strain of concrete in joint of specimen（2）

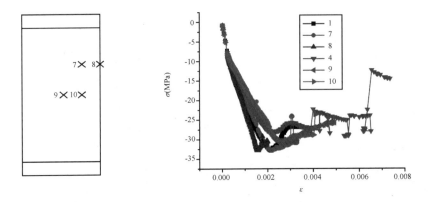

(h)试件TJ1节点翼缘肢混凝土最小主应力-等效应变

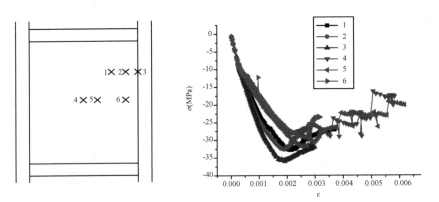

(i)试件LJ1节点腹板肢混凝土最小主应力-等效应变

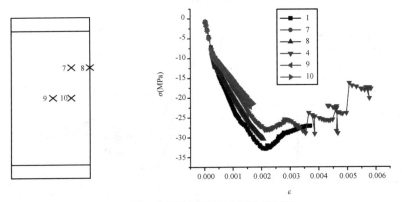

(j)试件LJ1节点翼缘肢混凝土最小主应力-等效应变

图 5.31　试件节点混凝土最小主应力-等效应变（三）

Fig. 5.31　Minimum principal stress-equivalent strain of concrete in joint of specimen（3）

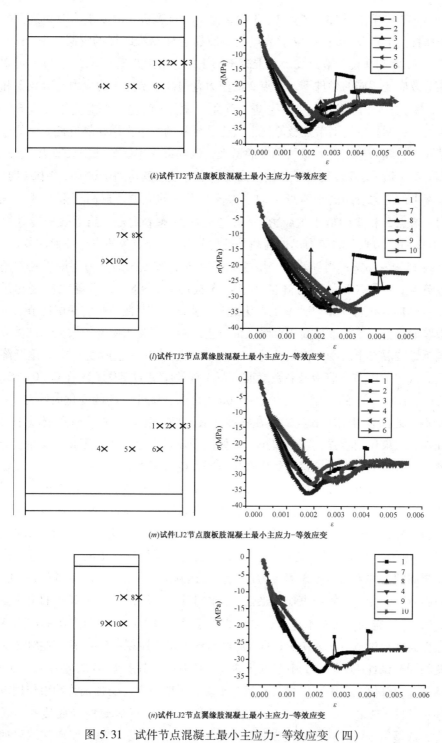

(k)试件TJ2节点腹板肢混凝土最小主应力-等效应变

(l)试件TJ2节点翼缘肢混凝土最小主应力-等效应变

(m)试件LJ2节点腹板肢混凝土最小主应力-等效应变

(n)试件LJ2节点翼缘肢混凝土最小主应力-等效应变

图 5.31　试件节点混凝土最小主应力-等效应变（四）

Fig. 5.31　Minimum principal stress-equivalent strain of concrete in joint of specimen（4）

对于中节点试件，节点1、3和5位于节点腹板肢混凝土沿对角线方向斜压杆，节点2、4和6位于节点腹板肢靠近柱翼缘区域的混凝土斜压杆；节点7、8和9位于节点翼缘肢混凝土斜压杆。由图5.31（a）～（f）可知在等效应变相同的条件下，节点2的应力普遍高于节点1的应力，节点3和4的最小主应力－等效应变曲线基本重合，节点5的应力普遍高于节点6的应力，说明柱钢管对节点核心区混凝土斜压杆的约束作用在靠近柱翼缘的区域较大，随着偏离柱翼缘的距离的增大，该约束作用逐渐减弱。节点7、8、9和节点1、3、5分别位于相同的高度，在等效应变达到0.0016～0.002时，节点1的应力普遍高于节点7的应力，节点3的应力普遍高于节点8的应力，节点5和9的最小主应力－等效应变曲线基本重合；当等效应变超过0.002时，节点7的应力迅速提高并超过节点1，节点7的应力峰值比节点1提高15%～18%；当等效应变超过0.0025时，节点8的应力逐渐提高并超过节点3，节点8的应力峰值比节点3提高6%～8%；当等效应变超过0.0032时，试件＋J5节点9的应力超过节点5，说明在加载前期试件节点腹板肢混凝土所受约束力高于翼缘肢混凝土，随着混凝土应变的增大，试件节点翼缘肢混凝土所受约束力逐渐提高，而腹板肢混凝土所受约束力逐渐降低。试件＋J1节点腹板肢和翼缘肢混凝土等效应变的变化大约在0～0.0032之间，试件＋J4的变化大约在0～0.0045之间，试件＋J5的变化大约在0～0.0065之间，说明中节点试件在柱截面肢高肢厚比较小时，节点混凝土受柱钢管约束作用较强，变形较小，整体性能较好；随着柱截面肢高肢厚比的增大，节点混凝土受柱钢管约束作用减弱，变形较大。

对于边节点试件和角节点试件，节点1和4位于节点腹板肢混凝土沿对角线方向斜压杆，节点2、3、5和6位于节点腹板肢靠近柱翼缘区域的混凝土斜压杆；节点7和9位于节点翼缘肢混凝土沿对角线方向斜压杆，节点8和10位于节点翼缘肢靠近柱翼缘区域的混凝土斜压杆。由图可知在等效应变相同的条件下，节点3的应力最大，且达到应力峰值点后下降较为平缓，说明节点3受柱钢管约束作用最强；试件TJ1和LJ1的节点1和2的最小主应力－等效应变曲线基本重合，在等效应变达到0.002时，节点1的应力逐渐提高并超过节点2，节点1的应力峰值比节点2提高4%～5%。在等效应变相同时试件TJ1和LJ1中节点5的应力普遍高于节点4、6的应力，节点5达到应力峰值点后下降段最长且较为平缓，说明节点5受柱钢管约束作用较强；试件TJ2和LJ2中节点4、5和6的最小主应力－等效应变曲线基本重合，这是由于随着柱截面肢高肢厚比的增大，节点4、5和6偏离柱翼缘的距离增大，柱翼缘对其约束的作用没有明显差别。边节点和角节点试件在等效应变相同的条件下节点8的应力高于节点7，节点9和节点10的最小主应力-等效应变曲线基本重合，说明节点翼缘肢柱钢管对混凝土同样有约束作用，且该约束力随偏离柱翼缘的距离的增大而减弱。节点1、7、8和节点4、9、10分别位于相同的高度，边节点试件节点腹板肢混凝土斜压杆的最小主应力-等效应变曲线与翼缘肢混凝土基本重合，但角节点试件节点腹板肢混凝土斜压杆的最小主应力-等效应变曲线的峰值要远大于翼缘肢混凝土，说明边节点试件节点翼缘肢混凝土对节点剪力的贡献较大，而角节点试件节点翼缘肢混凝土对节点剪力的贡献较小。

5.3.6 试件节点各组成元件的剪力

在试验过程中节点剪力很难直接测得，但可通过 ANSYS 有限元分析结果的计算确定。对 ANSYS 有限元分析结果进行节点剪力分析时，首先在通用后处理器中读取某一荷载子步的结果文件，然后选取所要计算部分的单元，再通过 WPOFF 和 SUCR 命令移动工作平面并在节点中心横断面上创建平面，最后通过 SUMAP 和 SUEVAL 命令映射单元某一方向的应力、进行积分计算，即得出计算单元在该荷载子步的抗剪承载力。采用同样的方法读取下一荷载子步的结果，直至最后一个荷载子步，即可得到计算单元在整个加载过程中的抗剪承载力。

矩形钢管混凝土异形柱-钢梁节点剪力由节点腹板肢混凝土、钢腹板、翼缘和翼缘肢混凝土、钢腹板、翼缘的抗剪承载力组成，通过有限元分析结果得到的节点各部分的抗剪承载力如图 5.32 所示，由图可知试件在弹性加载阶段，节点剪力主要由腹板肢混凝土和钢腹板抗剪承载力组成，且腹板肢混凝土和钢腹板抗剪承载力较小。随着荷载的增加试件各部分的剪力呈线性增大。当试件达到屈服荷载时，节点腹板肢钢腹板达到屈服并进入剪切流变状态，因此随着荷载的增加，节点腹板肢钢腹板的抗剪承载力保持不变。试件屈服后由于钢腹板对节点抗剪承载力的贡献减小，节点腹板肢和翼缘肢混凝土的抗剪承载力迅速增加，但节点翼缘肢钢腹板的抗剪承载力仍呈线性增大。当试件达到极限荷载时，除试件 +J4 外其余试件节点腹板肢混凝土均达到极限抗剪承载力，之后由于斜向裂缝的发展抗剪承载力迅速下降；节点腹板肢钢腹板的抗剪承载力保持不变；节点翼缘肢混凝土的抗剪承载力仍迅速增加；节点翼缘肢钢腹板的抗剪承载力呈线性增大。在试件整个加载过程中柱翼缘的抗剪承载力较小并始终呈线性增大。

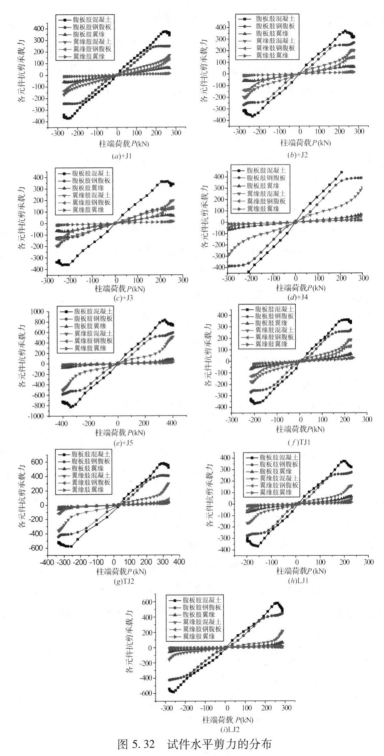

图 5.32　试件水平剪力的分布

Fig. 5.32　Distribution of horizontal shear of specimen

5.4 试件节点参数分析

5.4.1 轴压比对节点受力性能的影响

由于试验设备的局限，试件柱子的最大轴向力只能加到1500kN，故本试验结果未能充分反映出轴压比的变化对节点受力性能的影响。为研究轴压比对试件的承载力及延性的影响，以试件 +J1、+J4 和 LJ1 为例，采用非线性有限元的方法考察轴压比大小变化对节点受力性能的影响[98、193]。分析时其他条件不变，当轴压比 $n = 0.2$、0.26、0.32、0.4、0.5、0.6 和 0.7 时试件 P-Δ 曲线如图5.33所示。由图可知在不同轴压比下节点的荷载-位移曲线在弹性阶段相差甚微；试件屈服后差别逐渐加大，随着轴压比的增大试件承载力逐渐提高，但提高的幅度不大；试件骨架曲线下降段随轴压比的增大逐渐变陡，当轴压比大于0.5时下降速度加剧，说明试件的延性随轴压比的增大逐渐减小。

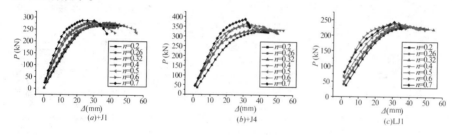

图 5.33 试件在不同轴压比下的骨架曲线

Fig. 5.33 Skeleton curves of specimens with different axial compression ratio

5.4.2 柱翼缘肢伸出长度对节点受力性能的影响

由试验和有限元分析结果可知，试件节点翼缘肢对节点剪力有一定的贡献，在计算节点剪力时不容忽视。由试验结果可知，同一类型的试件承载力随柱截面肢高肢厚比的增加而迅速增大；在矩形钢管混凝土异形柱中翼缘肢的肢厚相同，而柱肢的高度随柱截面肢高肢厚比的变化而不同，即柱翼缘肢伸出长度 l_f 对试件承载力有一定的影响。节点区柱翼缘肢的有效利用系数 ξ_f 可反映 l_f 对试件承载力的贡献，通过分析试件节点核心区混凝土部分的总剪力与腹板肢节点域混凝土剪力的比值的变化规律得出 ξ_f。节点区柱翼缘肢的有效利用系数 ξ_f 随试件水平荷载的变化规律如图5.34所示。

由图可知试件在弹性阶段 ξ_f 的值较小，且随试件水平荷载的增加变化不大；当试件屈服后，ξ_f 随试件水平荷载的增加迅速增大；试件达到极限荷载前除试件 +J2 和 +J3 外，ξ_f 随试件水平荷载的增加继续增大。试件达到

极限荷载时的 ξ_f 取值如表 5.2 所示。

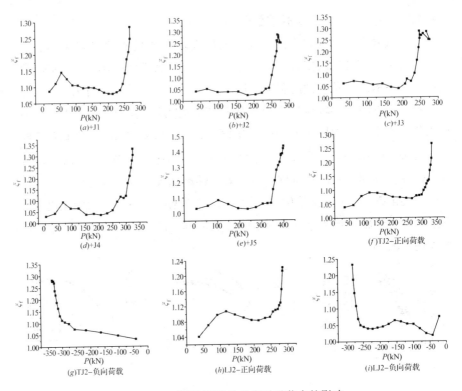

图 5.34　不同柱翼缘肢长度对承载力的影响

Fig. 5.34　Influence to the bearing capacity for the different flange length

表 5.2　翼缘影响系数 ξ_f

Table5.2　Influence factors ξ_f of flange

翼缘伸出长度（mm）	0	120	240	360
中节点	1	1.25	1.30	1.40
边节点	1	1.20	1.25	1.35
角节点	1	1.10	1.20	1.25

5.5　本章小结

利用非线性有限元软件 ANSYS10.0 对本次试验试件进行了模拟分析，得到了以下结论：（1）模拟分析得到试件的荷载-位移骨架曲线及各部分的应力图和变形图，计算结果与试验结果符合较好。（2）通过对节点混凝土第三主应力进行分析，得到节点腹板肢和翼缘肢混凝土均符合斜压杆受力模型；通过对节点混凝土最小主应力-等效应变的分析得到节点混凝土受柱钢管约束作用的规律，结果表明柱钢管对节点腹板肢和翼缘肢混凝土斜压杆均有约束作用，且该约束作用的大小与柱截面肢高肢厚比、节点类型和偏离柱中线距离有关。（3）由有限元分析结果得出节点钢腹板的应力分布规律、组成节点的各部分在各个受力阶段的剪力及其发展规律，结果表明节点达到屈服时，节点核心区钢腹板已屈服，而核心混凝土未达到极限强度；节点达到极限承载力时，节点核心区钢腹板处于剪切流变状态，而核心混凝土达到极限强度。（4）对承载力及延性影响因素如轴压比和翼缘伸出长度进行了分析，结果表明随着轴压比的增大试件承载力逐渐提高，但提高的幅度不大；延性随轴压比的增大逐渐减小，特别是当轴压比大于0.5后，试件骨架曲线下降速度加剧；书中给出了翼缘伸出长度影响系数。

6 矩形钢管混凝土异形柱-钢梁节点承载力计算

本章研究该新型节点的受力特点和破坏机理，并由此建立节点的受剪承载力计算公式，为完善矩形钢管混凝土异形柱-钢梁框架节点的抗剪设计提供参考依据，同时为矩形钢管混凝土异形柱-钢梁框架结构的整体受力性能分析提供基本参数。

6.1 矩形钢管混凝土异形柱-钢梁节点的受力分析模型

研究矩形钢管混凝土异形柱-钢梁节点的受力机理，需研究在梁端弯矩、剪力，柱端弯矩、剪力、轴力的共同作用下，节点核心区的破坏模式和传力机制，得出合理的理论假设和计算模式。本章根据试验结果分析并结合已有的研究成果得出矩形钢管混凝土异形柱-钢梁节点受力机理。

6.1.1 节点受力机理研究概况

（一）钢筋混凝土节点受力机理

（1）斜压杆机制

节点处于弹性阶段时，核心混凝土未开裂，核心区箍筋应力很小，主要由混凝土承受梁、柱端传来的力，沿节点核心区对角线方向形成混凝土斜压应力带，此机构称为斜压杆机构[193,194]。当贯通节点核心区的梁柱纵筋屈服时，节点核心区混凝土则产生交叉裂缝，但未严重破坏，节点核心区抗剪强度由在核心区形成的混凝土斜压杆所控制。

（2）桁架机制

通过钢筋与混凝土的粘结作用，贯穿节点的梁筋和柱筋将梁端或柱端所受的拉力和压力以周边剪力流的形式传入节点。随着荷载的不断增大，在斜向主压应力作用下，核心区混凝土开裂；当多条交叉的斜裂缝将核心区混凝土分割成几个平行的斜向压杆时，混凝土斜压杆机制逐渐被削弱，混凝土压力需要借助核心区箍筋的约束和纵筋的粘结力来分散，其中斜压杆的水平分量以水平箍筋来平衡，斜压杆的竖直分量以竖向钢筋来平衡[195]。

（3）约束机制

节点区为剪力作用较大的特殊柱段，节点区内柱箍筋有防止柱筋向外屈曲和约束混凝土斜压杆的作用。该理论从构造角度确定箍筋用量，即约束作用达到一定的水平，即可保证梁柱节点区的抗震性能[196]，不需要进行节点抗剪验算。

（4）斜压场理论和软化桁架模型

斜压场理论认为钢筋与混凝土粘结良好，开裂后的钢筋混凝土构件为连续材料。该理论把钢筋混凝土单元体看成各向异性的均布材料，假设开裂混凝土中不存在拉应力，忽略斜裂缝面上的骨料咬合力、摩擦力和纵向钢筋的销栓力作用。在钢筋混凝土构件的抗剪分析理论中引入混凝土软化应力-应变关系，混凝土单元的应力-应变关系中含有软化系数，其应变采用跨越几条斜裂缝的平均应变来表示。在计算钢筋混凝土构件截面剪力效应时应分析受剪单元的内力平衡条件、低钢筋量截面的塑性条件、应变协调条件和混凝土与钢筋的应力-应变关系[197~199]。

软化桁架模型忽略了混凝土骨料的咬合力和摩擦力、钢筋的销栓力，建立在混凝土的软化应力-应变关系、平衡条件和协调方程的基础上，在分析时把钢筋混凝土单元体受外力的平面平均应力状态分解成素混凝土平面应力状态和钢筋应力状态之和，定义外力主压应力方向和纵向钢筋方向之间的夹角为定角，开裂混凝土的主压应力方向和纵向钢筋方向之间的夹角为转角[200,201]。

（5）弯矩转动机构

该机构认为在梁端和柱端弯矩作用下节点对角线划分的四个刚体块围绕中心转动，节点变形主要集中在节点对角斜裂缝和梁端弯曲裂缝，而非由斜压杆机构的压缩变形引起的，但节点剪力仍然由斜压杆机构传递。弯矩转动机构的数学模型包括多组平衡方程，该方程为刚体接触边界上的内力和外力的平衡关系。该模型可分析节点的抗弯能力、破坏模式及节点强度影响因素。

（二）带内隔板矩形钢管混凝土柱-钢梁节点（图6.1）受力机理

（1）屈服线法

节点柱翼缘和内隔板两部分平衡了钢梁受拉翼缘的拉力，当节点达到剪切屈服时，内隔板屈服，且在内隔板与柱翼缘相连接的四个角部形成塑性铰，如图6.2所示。计算节点的承载力时，应根据虚功原理分别考虑柱焊缝、柱腹板、混凝土斜压杆和内隔板承担的抗剪承载力[202]，则节点的承载力表达式：

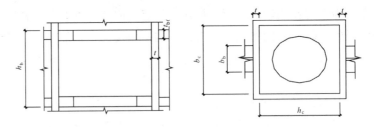

图 6.1　带内隔板的矩形钢管混凝土柱-钢梁节点

Fig. 6.1　Connection with steel diaphragm between concrete-filled
square steel tubular columns and steel beams

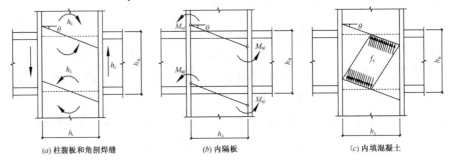

(a) 柱腹板和角剖焊缝　　　　　*(b)* 内隔板　　　　　*(c)* 内填混凝土

图 6.2　带内隔板的矩形钢管混凝土柱-钢梁节点的屈服机制

Fig. 6.2　Yield mechanism of connection with steel diaphragm between concrete-
filled square steel tubular columns and steel beams

$$N_y = \min\left(\frac{a_c h_b f_w}{\sqrt{3}} , \frac{t h_b f}{\sqrt{3}}\right) \tag{6-1}$$

$$M_{uw} = \frac{h_b^2 t[1 - \cos(\sqrt{3} h_c / h_b)]f}{6} \tag{6-2}$$

$$M_{uj} = \frac{1}{4} b_c t_j^2 f_j \tag{6-3}$$

$$N_{cv} = \frac{2 b_c h_c f_c}{4 + \left(\dfrac{h_c}{h_b}\right)^2} \tag{6-4}$$

$$V_u^j = \frac{2 N_y h_c + 4 M_{uw} + 4 M_{uj} + 05 N_{cv} h_c}{h_b} \tag{6-5}$$

式中　V_u^j——节点的受剪承载力；

t——柱钢管壁厚度；

t_j——内隔板厚度；

f_w、f、f_j——分别为焊缝、柱钢管壁、内隔板钢材的抗拉强度；

b_c、h_c——钢管内混凝土截面的宽度和高度；

h_b——钢梁截面的高度；

a_c——钢管角部的有效焊缝厚度。

（2）"方盒子-斜压短柱"机制

该机制假定节点核心区柱子的四块壁板与上下内隔板组成钢质六面体"方形盒子"如图6.3所示，核心区抗剪承载力由钢质方盒子和核心区混凝土斜压短柱两部分承担[203]。在计算方形盒子承担的剪力时，应将其视为"框架-剪力墙"体系，在该体系中两块柱翼缘板和上下内隔板构成封闭的"板式钢框架"，两块柱腹板构成"钢剪力墙"。"框架-剪力墙"体系在水平剪力作用下，承受压应力和剪应力的共同作用，且"板式钢框架"和"钢剪力墙"承担的剪力应按照两者的抗侧刚度比例来分配。由于柱翼缘板的抗侧刚度往往比腹板的抗侧刚度小得多，腹板起主要抗剪作用。节点核心区混凝土"斜压短柱"沿节点域对角线方向，当节点达到极限状态时，方形盒子中的钢剪力墙剪切屈服，继而板式钢框架的四角形成塑性铰，成为机动体系，最后核心区混凝土受压达到极限而使节点最终破坏。节点达到抗剪极限状态前因节点核心区混凝土强有力的支撑作用柱子壁板不发生局部屈曲。根据塑性极限分析，节点域的抗剪能力计算公式可表达为下列叠加形式：

$$V_j = V_c + V_s = V_c + V_{web} + V_f \tag{6-6}$$

在上式中 V_j 为节点域剪力，V_c 为节点域混凝土部分承担的剪力，V_s 为节点域"钢框架-剪力墙"承担的剪力，V_{web} 为腹板（钢剪力墙）承担的剪力，V_f 为翼缘框（板式钢框架）承担的剪力。

$$V_{web} = \frac{2}{\sqrt{3}} t \ (H_c - 2t) \sqrt{f^2 - \sigma_s^2} \tag{6-7}$$

其中 t 为节点域柱子腹板厚度，f 为钢材抗拉强度设计值，σ_s 为柱子腹板所承受的柱传来的轴向压应力，$\sigma_s = N_s/A_s$，A_s 为柱钢管部分的截面积，N_s 为柱钢管部分承受的轴力，$N_s = NE_sA_s/(E_sA_s + E_cA_c)$，$E_s$、$A_s$、$E_c$、$A_c$ 分别为柱钢管、混凝土部分的弹性模量和截面积，N 为柱子的轴力。

$$V_f = \frac{H_c t^2 f}{H_b - t_{bf}} \tag{6-8}$$

式中　t_{bf}、t——分别为梁、柱翼缘的厚度；

H_b、H_c——分别为梁、柱截面高度。

$$V_c = (0.3 + 0.1\eta)(H_c - 2t)^2 f_c \tag{6-9}$$

其中 η 为柱截面折算轴压比，$\eta = N/(f_cA_c + \alpha_E f_c A_s)$，$\alpha_E = E_s/E_c f_c$，$f_c$ 为混凝土轴心抗压强度设计值。

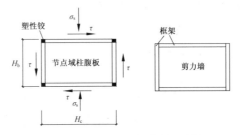

(a)节点核心区"钢框架-剪力墙"受力机理

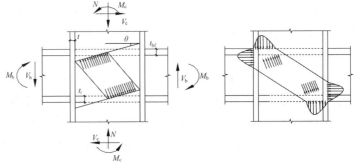

(b)节点核心区混凝土"斜压短柱"受力机理

图 6.3 节点核心区的抗剪受力机理

Fig. 6.3 The shear mechanism of joint

(三) 隔板贯通式 L 形钢管混凝土柱-钢梁节点受力机理

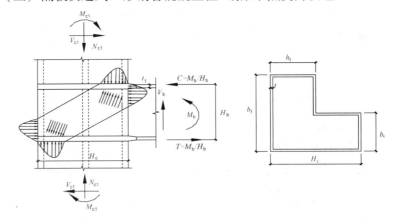

图 6.4 L 形钢管混凝土柱-钢梁框架节点

Fig. 6.4 Connection between concrete-filled L-shaped steel tubular

columns and steel beams

L 形钢管混凝土柱-H 型钢梁框架节点核心区的受剪承载力参考"盒子

法"的原理进行计算如图 6.4 所示，并按 L 形钢筋混凝土柱框架节点的修正方法对其进行修正，其修正后的核心区受剪承载力计算公式为：

$$V_j = \zeta_N (0.3 + 0.1\eta) \zeta_f b_j h_j f_c + \frac{2}{\sqrt{3}} t (H_c - 2t) \sqrt{f^2 - \sigma_s^2} + \frac{H_c t^2 f}{H_b - t_{bf}} \qquad (6\text{-}10)$$

其中 b_j、h_j 分别为节点核心区截面有效验算厚度和高度，ζ_N 为轴压比影响系数，其取值见表 6.1，ζ_f 为翼缘影响系数，其取值见表 6.2。

表 6.1　轴压比影响系数 ζ_N

Table 6.1　Influence factors ζ_N of ratio of axial compression stress to strength

轴压比	≤0.3	0.4	0.5	0.6	0.7	0.8	0.9
ζ_N	1.00	0.95	0.90	0.85	0.75	0.65	0.50

表 6.2　翼缘影响系数 ζ_f

Table 6.2　Influence factors ζ_f of flange

$b_f - b_c$（mm）	0	300	400	500	600	700
ζ_f	1	1.05	1.10	1.10	1.10	1.10

6.1.2　矩形钢管混凝土异形柱-钢梁节点内隔板传力机制

本书研究的内隔板式矩形钢管混凝土异形柱-钢梁连接节点是《矩形钢管混凝土结构技术规程》CECS 159：2004[202] 推荐的节点形式。内隔板在节点传力机制中起着重要的作用，因此为研究矩形钢管混凝土异形柱-钢梁节点传力机制，本章首先分析由有限元模型得到的节点内隔板沿梁纵向轴向应力的变化，如图 6.5 所示。

由图可知在柱翼缘与钢梁交接处有一个明显的应力下降，在柱翼缘一侧的轴向应力大约为钢梁翼缘一侧轴向应力值的 60%，表明钢梁翼缘传来的轴向力中一部分转化为柱翼缘承担的力。从柱翼缘受拉一侧开始分析，节点内隔板纵向轴向拉力逐渐减小，说明钢梁翼缘传来的轴向力逐步转化为节点核心区混凝

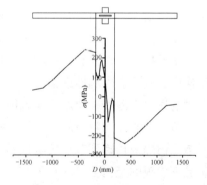

图 6.5　试件 +J4 钢梁翼缘、
加劲肋应力分布

Fig. 6.5　Distribution of stress of flange
of steel beams and stiffener

土和钢管腹板承担的剪力；在临近内隔板开孔处纵向轴向拉力逐渐增大，这是由于开孔造成内隔板的有效受力面积减小；当纵向坐标达到柱腹板肢与翼缘肢结合处，内隔板纵向轴向拉力达到峰值，之后迅速减小，说明内隔板纵向轴向应力的一部分由翼缘肢混凝土和钢管腹板承担；当内隔板纵向轴向应力减小至小于零时，内隔板轴向拉力转化为压力，其变化规律与上述相同。图中内隔板轴向拉力的峰值大于轴向压力，这是由于柱翼缘受压一侧的轴向压力通过钢管翼缘对混凝土的压力作用转化为核心混凝土压力。

6.1.3 矩形钢管混凝土异形柱 - 钢梁节点受力机理

柱钢管翼缘与内隔板构成了一个刚性框，当荷载达到一定数值时，节点混凝土形成斜裂缝，若干平行的斜裂缝将节点混凝土分成斜压杆，同时由于钢管翼缘部分对核心混凝土的约束作用形成约束斜压杆，因而节点核心区斜向混凝土分为主斜压杆和约束斜压杆两部分。在钢腹板屈服前，刚性框有效地约束着混凝土的变形，故混凝土一般不可能压碎而导致节点破坏。随着荷载的加大，节点钢腹板剪切屈服。荷载继续增加，在达到极限荷载时，钢管腹板大部分都已屈服。随着节点变形的进一步增大，节点区腹板的屈服面逐渐扩大，刚性框四角形成塑性铰，但刚性框内混凝土并没有压碎，因此节点仍可继续承载。当节点核心区斜压混凝土达到极限压应变，混凝土压碎，整个节点变成可变体系，节点即告破坏。节点的受力机理为钢桁架、主斜压杆和约束斜压杆的综合作用。

矩形钢管混凝土异形柱 - 钢梁节点区域应分为腹板肢和翼缘肢两部分，节点腹板肢和翼缘肢的受力机理均符合钢桁架 - 斜压杆机制，如图 6.6 所示，在图 6.6 中作用于刚性框架的力为柱端剪力、弯矩和梁端剪力、弯矩的作用。在钢桁架 - 斜压杆机制中，节点区域的钢管、内隔板形成封闭的刚性框架，节点内混凝土受力后形成主约束斜压杆。由于混凝土的抗拉强度较小，混凝土受拉后很快开裂，强度迅速降低，节点核心区混凝土斜压杆主要起抗压作用，故节点内刚性框架中的斜拉腹杆的拉力由钢管腹板承担，而斜压腹杆中的压力由混凝土斜压杆来承担，且这些腹杆仅承受轴向力。

节点核心区钢腹板的应力传递机制如图 6.7 所示，图 6.7（b）中 S_{H1} 表示节点内隔板传递到节点腹板肢钢腹板的水平力，S_{V1} 表示柱传递到节点腹板肢钢腹板的竖向力，图 6.7（c）中 S_{H2} 表示节点内隔板传递到节点翼缘肢钢腹板的水平力，S_{V2} 表示柱传递到节点翼缘肢钢腹板的竖向力。节点核心区混凝土的应力传递机制，如图 6.8 所示，对于节点腹板肢和翼缘肢的混凝土，主要是斜压杆作用，同时柱钢管、内隔板对节点混凝土有约束作用。在图 6.8（b）、（c）中，由斜压杆机理形成的混凝土主斜压杆为 S_m，由柱钢管、内隔板对节点混凝土的约束作用形成的约束斜压杆为 S_c，其中在节点腹板肢和翼缘肢的主斜压杆分别为 S_{m1}、S_{m2}，在节点腹板肢和翼缘肢的约束斜压杆分别为 S_{c1}、S_{c2}。

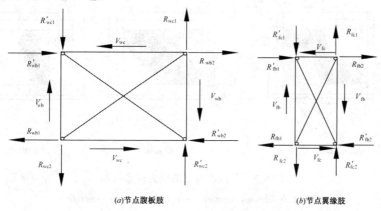

(a)节点腹板肢　　　　　　(b)节点翼缘肢

图 6.6　节点钢桁架-斜压杆受力机理

Fig. 6.6　Steel truss – compression strut mechanism of joint

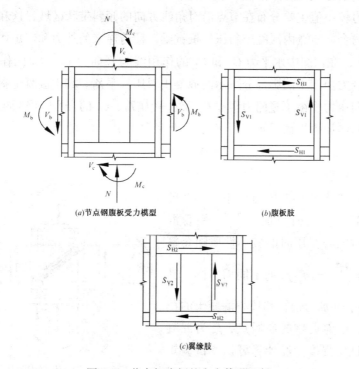

(a)节点钢腹板受力模型　　　　(b)腹板肢

(c)翼缘肢

图 6.7　节点钢腹板的应力传递机制

Fig. 6.7　Stress transfer mechanism for web panel

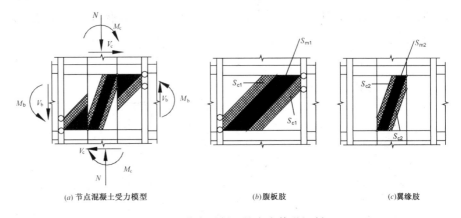

(a) 节点混凝土受力模型　　　　　(b) 腹板肢　　　　　(c) 翼缘肢

图 6.8　节点混凝土的应力传递机制

Fig. 6.8　Stress transfer mechanism for core concrete

6.1.4　矩形钢管混凝土异形柱-钢梁节点混凝土分析

矩形钢管混凝土异形柱-钢梁节点的有限元分析结果显示节点混凝土第三主应力较小值主要分布在节点沿对角线方向的倾斜带状区域，这和斜压杆模型相吻合。节点内混凝土斜压杆抵抗梁、柱传递来的外力和弯矩作用如图6.9 所示，在该图中水平力 C_2 和 C_1 的作用线与竖向力 C_3、C_4 的作用线相交，其合力由图中阴影部分所示的混凝土斜压杆平衡。其中混凝土斜压杆上端的斜向压力平衡了竖向力 T_4、C_3 及水平力 T_1、C_2 的合力，混凝土斜压杆下端的斜向压力平衡了水平力 T_2、C_1 及竖向力 T_3、C_4 的合力。

（一）轴向压力对节点受力性能的影响

矩形钢管混凝土异形柱-钢梁节点承受柱端传来的轴向压力作用，参考钟善桐（1980）的研究成果[204]，钢管混凝土构件轴心受压时的破坏性质随套箍系数 $\xi = \dfrac{A_s f_y}{A_c f_{ck}} = \alpha f_y / f_{ck}$ 的不同而不同，其中 A_s、A_c 分别为钢管和核心混凝土的截面面积，f_y 为钢材的屈服点，f_{ck} 为混凝土轴心抗压强度。经计算可知本试验矩形钢管混凝土异形柱-钢梁节点的套箍系数均大于 1，由已有的试验研究成果可知当套箍系数 $\xi > 1$ 时钢管混凝土构件

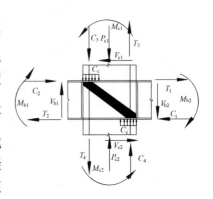

图 6.9　节点混凝土斜压杆

Fig. 6.9　Compression strut of concrete of joint

118

的 $N\text{-}\varepsilon$ 曲线如图 6.11 中曲线 3 所示。

由图 6.11 可知，曲线 3 可分为弹性、弹塑性和强化三个阶段：（1）oa 段为弹性工作阶段，曲线上 a 点表明钢管应力达到比例极限。（2）ab 段为弹塑性工作阶段，荷载-应变关系逐渐偏离直线而形成过渡曲线，在此阶段中 b' 点表示钢管局部位置开始发展塑性，钢管进入弹塑性阶段，其弹性模量 E_s 不断减小，核心混凝土的模量未变化，由于钢管应力不断变化而引起轴力在钢管与核心混凝土间分配比例不断变化，混凝土承受的轴向力增加而钢管受力减小。由于混凝土受力增加，其泊松比 μ_c 不断增大并逐渐超过了钢材的泊松比 μ_s，混凝土和钢材之间产生了渐增的相互作用力-紧箍力 p。在混凝土和钢材的相互作用下，钢管纵向和径向受压，而环向受拉，混凝土则三向受压，钢管与混凝土均处于三向应力状态，如图 6.10 所示。（3）bc' 段为强化阶段，从 b 点开始混凝土径向推挤钢管，使得钢管的环向应力增大，相应的紧箍力增大，由于径向压力 σ_2 相对较小，如果忽略径向压力 σ_2，塑性工作阶段钢管的纵向压应力 σ_3 和环向拉应力 σ_1 将按照 VonMises 屈服条件的关系。图 6.12 所示为 VonMises 屈服椭圆的第四象限，a、b'、b 和 c' 各点和图 6.11 中的各点相对应。由 VonMises 屈服椭圆的轨迹可知，环向应力 σ_1 增加的同时，纵向应力 σ_3 必然下降。由于钢管环向应力增加时核心混凝土侧压力增大、承载力提高，且其承载力的提高量超过钢管纵向内力的减小量，故试件形成了 bc' 强化段。应力达到 c' 点时，紧箍力继续增大，钢管应力将沿着图 6.12 中的 $c'{\rightarrow}d$ 途径变化，d 点对应钢材的强度极限，钢管应力达到 d 点时开始二次塑流，此后发生钢管的最终强度破坏。

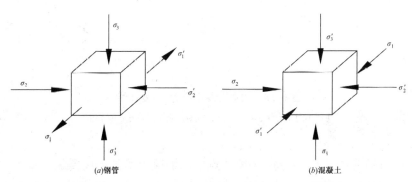

图 6.10　三向受力状态

Fig. 6.10　Three dimensional stress

（二）节点混凝土斜压杆约束机理

和螺旋（圆形）箍筋、矩形箍筋、焊接网片钢筋混凝土构件相似，钢管混凝土构件中内部混凝土的横向变形由于受到钢管的约束作用，处于三轴受压状态，强度和变形能力得到提高。钢管混凝土构件中的约束混凝土可以看作横向箍筋纵向间距为零，且与纵筋合一的矩形箍筋混凝土中的约束混凝土[205~207]。在图6.13（a）中曲线a表示钢管混凝土轴心受压试件约束混凝土的应力-应变曲线，f_{cc}和ε_{cc}分别表示约束混凝土的轴压强度及峰值应变，其单元的应力状态如图6.13（b）所示，其中f_c和ε_c分别表示约束混凝土的纵向应力和应变。

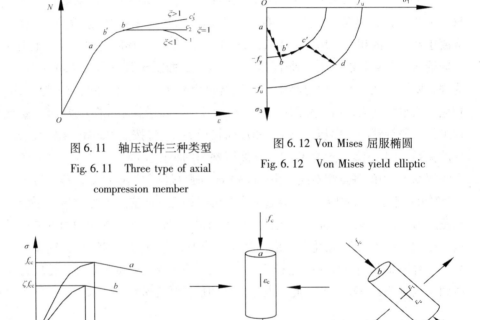

图6.11　轴压试件三种类型

Fig. 6.11　Three type of axial compression member

图6.12 Von Mises 屈服椭圆

Fig. 6.12　Von Mises yield elliptic

图6.13　约束混凝土应力-应变曲线

Fig. 6.13　Stress – strain curve of confined concrete

矩形钢管混凝土异形柱-钢梁节点内的混凝土受到由柱翼缘、腹板和内隔板构成的封闭框架的约束作用，处于三轴受压状态。同样与矩形箍筋混凝土相比，矩形钢管混凝土异形柱-钢梁节点内的柱翼缘和腹板可看作纵向间距为零的横向箍筋，且与纵筋合一。矩形钢管对混凝土的约束作用提高了节点内混凝土的强度和变形能力。由于矩形钢管截面抗弯刚度在中部管壁较小，而在钢管转角处较大，因此混凝土受矩形钢管截面中部的约束力很小，而沿钢管截面对角线的约束力很大[209~211]。矩形钢管混凝土异形柱-钢梁节点核心区混凝土除了承受柱传来的压力和钢管的约束力，还要承担由梁传来的横向推力。节点核心区混凝土应力-应变曲线如图6.13（a）中曲线b所示，其单元的应力状态如图6.13（c）所示，其中ε_t表示约束混凝土的横向应变。由图可知由于节点核心区的剪切扭曲，混凝土斜压杆将承受垂直方向的拉应变。

通过研究核心区混凝土的应变如图6.14所示，可分析核心区的剪切变形对约束混凝土的影响。图6.14中ε_c和ε_t分别为核心混凝土的主压应变和主拉应变，ε_x和ε_y分别为水平应变和竖向应变，γ_{xy}为剪应变，θ_p为斜压角，则核心混凝土的主压应变和主拉应变可由下式表示为：

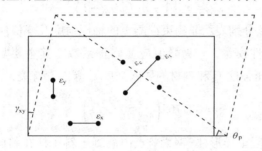

图6.14　核心混凝土应变

Fig. 6.14　Strain of core concrete

$$\varepsilon_c = \frac{\varepsilon_x + \varepsilon_y}{2} + \frac{\varepsilon_x - \varepsilon_y}{2}\cos(2\theta_p) + \frac{\gamma_{xy}}{2}\sin(2\theta_p) \tag{6-11}$$

$$\varepsilon_t = \frac{\varepsilon_x + \varepsilon_y}{2} + \frac{\varepsilon_x - \varepsilon_y}{2}\cos[2(\theta_p + 90°)] + \frac{\gamma_{xy}}{2}\sin[2(\theta_p + 90°)] \tag{6-12}$$

$$\gamma_{xy} = \tan(2\theta_p)(\varepsilon_x - \varepsilon_y) \tag{6-13}$$

若定义变量k_{tc}：

$$k_{tc} = -\varepsilon_t / \varepsilon_c \tag{6-14}$$

则根据已知的k_{tc}，由式（6-11）～式（6-14）就可求得任意给定剪应变γ_{xy}下的应变。k_{tc}反映节点核心区混凝土受约束的程度，对于约束较好的节点，k_{tc}的值较低；对于约束较差的节点，相对于沿对角线的受压应变，受拉应变将迅速增加，使得k_{tc}较高。

综上可得，矩形钢管混凝土异形柱-钢梁节点混凝土由于剪切变形产生的拉应变将减弱钢管对核心混凝土的约束作用，对于该约束作用的减弱可通过系数ζ来表示，根据Zhang和Hsu的研究成果[208]，减弱系数ζ可表示为：

$$\zeta - \frac{5.8}{\sqrt{f_{cc} + 400 f_{cc} \varepsilon_t}} \leqslant \frac{0.9}{\sqrt{1 + 400 \varepsilon_t}} \qquad (6\text{-}15)$$

根据 Mander 提出的约束混凝土本构模型，矩形钢管混凝土异形柱-钢梁节点核心区约束混凝土的本构关系为：

$$f_c = \frac{\zeta f_{cc} x r}{r - 1 + x^r} \qquad (6\text{-}16)$$

$$x = \frac{\varepsilon_c}{\zeta \varepsilon_{cc}} \qquad (6\text{-}17)$$

$$r = \frac{E_c}{E_c - f_{cc}/\varepsilon_{cc}} \qquad (6\text{-}18)$$

$$\varepsilon_{cc} = \varepsilon_{c0} \left[1 + \eta (f_{cc}/f_{c0} - 1) \right] \qquad (6\text{-}19)$$

其中 f_{c0} 和 ε_{c0} 分别表示非约束混凝土的轴压强度及峰值应变，E_c 表示非约束混凝土的弹性模量，η 为峰值应变修正系数，其主要与钢管的宽厚比 W、混凝土的轴压强度 f_{c0} 和钢材的屈服强度 f_y 等因素有关，其表达式为：

$$\eta = 52.765 \left(\frac{1}{W^{0.36} \sqrt{f_y/f_{c0}}} \right)^{-20531} \qquad (6\text{-}20)$$

矩形钢管混凝土异形柱-钢梁节点内混凝土斜压杆在斜向压力作用下将产生膨胀变形，该膨胀力将与矩形钢管对节点混凝土的约束力相平衡。图6.15 说明矩形钢管混凝土异形柱-钢梁节点混凝土斜压杆的约束机理，其中图 6.15（a）中的 m 表示节点核心区混凝土斜压杆，a 和 b 表示节点内与 m 相邻的两对角位置的三角形部分混凝土，图 6.15（c）中的 cd、ef 段位于柱翼缘，gh、ij 段位于内隔板。由图可知当 m 受力后将沿与斜压方向相垂直的两个正交方向膨胀，这种膨胀力将挤压混凝土 a 和 b，混凝土 a 和 b 受到挤压后将向节点内沿对角线方向的角点移动，并同时受到钢管壁和内隔板的约束作用。因此通过斜压杆 m 的膨胀力和混凝土 a、b 的挤压作用，实现了矩形钢管、内隔板对斜压杆 m 有效的间接约束，这种约束作用提高了混凝土斜压杆的受压能力和延性。为了充分考虑矩形钢管和内隔板的约束作用对混凝土斜压杆抗压承载力的提高，将节点内混凝土斜压杆分为两部分，即主斜压杆和约束斜压杆。图 6.15（c）中的主斜压杆承担梁、柱传来的水平力和竖向力，约束斜压杆承担钢管和内隔板的约束力。与约束斜压杆相邻的钢管壁 ef 段和内隔板的 gh 段受到上柱端受压区混凝土的压力作用和柱翼缘的挤压作用，实现对约束斜压杆上端的约束作用；与约束斜压杆相邻的钢管壁 cd 段和内隔板的 ij 段有一定的抗侧向变形刚度，联合钢管腹板的横向拉力作用，实现对约束斜压杆下端的约束作用。

122

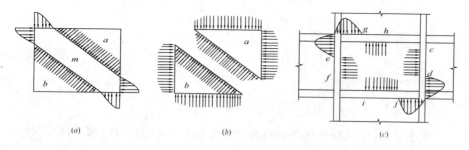

(a)   (b)   (c)

图 6.15　混凝土斜压杆约束机理

Fig. 6.15　Confined mechanism for diagonal concrete strut

6.1.5　矩形钢管混凝土异形柱-钢梁节点钢腹板分析

本次试验中配置的钢管腹板为塑性的碳素钢，由塑性力学可知金属的塑性破坏机理是晶体滑移或错位所致，因此塑性变形与剪切变形有密切关系。由第 3 章的分析结果可知若忽略节点核心区钢与混凝土的共同作用，并认为节点核心区钢管腹板主要承担梁传来的弯矩和柱传来的轴向压力、剪力，则节点核心区钢管腹板的应力状态如图 6.16 所示：

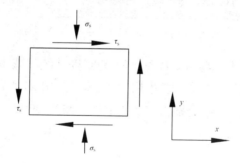

图 6.16　钢管腹板的受力状态

Fig. 6.16　Stress state of steem tube webs

$$\begin{cases} \sigma_{x} = 0 \\ \sigma_{y} = \sigma_{s} \\ \tau_{xy} = \tau_{s} \end{cases} \qquad (6\text{-}21)$$

式中 σ_{s} 为节点核心区钢管腹板承受的柱传来的轴向应力，$\sigma_{s} = N\sigma_{sy}/(A_{s}\sigma_{sy} + A_{c}f_{c})$，$N$ 为柱端承受的轴向压力，A_{s}、A_{c} 分别为钢管和节点核心区混凝土的截面面积，σ_{sy} 为节点钢腹板屈服强度，f_{c} 为混凝土轴心抗压强度，τ_{s} 为节点核心区钢管腹板所受到的剪应力。则节点核心区钢管腹板的主应力分别为[212]：

$$\begin{cases} \sigma_1 = \dfrac{\sigma_s}{2} + \sqrt{\left(\dfrac{\upsilon_s}{2}\right)^2 + \tau_s^2} \\ \sigma_2 = 0 \\ \sigma_3 = \dfrac{\sigma_s}{2} - \sqrt{\left(\dfrac{\sigma_s}{2}\right)^2 + \tau_s^2} \end{cases} \qquad (6\text{-}22)$$

式中 σ_1 为节点核心区钢管腹板的主拉应力，σ_3 为节点核心区钢管腹板的主压应力。节点达到极限状态前，钢材处于剪切流变状态，由 Von Mises 屈服准则可得：

$$(\sigma_1 - \sigma_2)^2 + (\sigma_2 - \sigma_3)^2 + (\sigma_3 - \sigma_1)^2 = 6k^2 \qquad (6\text{-}23)$$

上式中 k 为材料常数，代表纯剪试验中的屈服应力。在本试验的单向拉伸材性试验中，钢管腹板的屈服发生于 $\sigma_1 = \sigma_{sy}$，$\sigma_2 = \sigma_3 = 0$，将这些值代入式（6-23）可得：

$$k = \frac{\sigma_{sy}}{\sqrt{3}} \qquad (6\text{-}24)$$

将式（6-24）代入式（6-23）可得：

$$\sqrt{\frac{1}{2}\left[(\sigma_1 - \sigma_2)^2 + (\sigma_2 - \sigma_3)^2 + (\sigma_3 - \sigma_1)^2\right]} = \sigma_{sy} \qquad (6\text{-}25)$$

由上式可知根据试验结果计算出的节点核心区钢管腹板主应力值可以判断钢管腹板是否屈服，在本试验中用 45°直角应变花测量节点核心区钢管腹板应变，令 ε_0、ε_{45} 和 ε_{90} 分别为应变花中 0°、45°、90°应变片所测出的应变值，假定 $A = \dfrac{\varepsilon_0 + \varepsilon_{90}}{2}$，$B = \dfrac{\varepsilon_0 - \varepsilon_{90}}{2}$，$C = \dfrac{2\varepsilon_{45} - \varepsilon_0 - \varepsilon_{90}}{2}$，则测点的主应力计算式为：

$$\begin{cases} \sigma_1 = \left(\dfrac{E}{1-\upsilon}\right)A + \left(\dfrac{E}{1+\upsilon}\right)\sqrt{B^2 + C^2} \\ \sigma_2 = \left(\dfrac{E}{1-\upsilon}\right)A - \left(\dfrac{E}{1+\upsilon}\right)\sqrt{B^2 + C^2} \end{cases} \qquad (6\text{-}26)$$

节点翼缘肢钢管腹板主应力的分布如图 6.17 所示。由计算可知试件达到屈服荷载时，腹板肢节点钢腹板所有测点的主应力值均超过钢材屈服强度，说明所有试件腹板肢节点钢腹板均达到屈服；翼缘肢节点钢腹板所有测点的主应力值均未达到钢材屈服强度，说明所有试件翼缘肢节点钢腹板均未达到屈服。当试件达到极限荷载时，试件 +J1、+J2、+J3 和 TJ1 翼缘肢节点钢腹板所有测点的主应力值均超过钢材屈服强度，说明肢高肢厚比为 2 时的中节点和边节点试件翼缘肢节点钢腹板均达到屈服；试件 +J4、+J5、

TJ2、LJ1 和 LJ2 翼缘肢节点钢腹板所有测点的主应力值均未达到钢材屈服强度，说明肢高肢厚比为 2 时的角节点试件、肢高肢厚比为 3 和 4 时的所有试件翼缘肢节点钢腹板均未达到屈服。

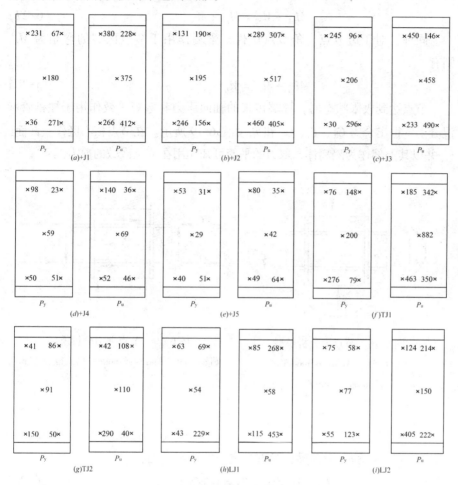

图 6.17　节点翼缘肢钢管腹板主应力

Fig. 6.17　Principal stress of steel web in flange-pier wall of joint

6.2　节点核心区水平剪力和扭矩的计算

6.2.1　节点核心区水平剪力的计算

节点核心区作为梁、柱连接的关键部分，承受上、下柱端传来的弯矩、剪力和轴向压力，以及梁端传来的弯矩和剪力。以中节点试件为例，取节点作为隔离体，其上的荷载效应表示如图 6.18 所示，图中 N 表示柱端施加于节点区域的轴向压力，柱的上下端作用于节点核心区的弯矩为 M_{c1} 和 M_{c2}，柱端作用于节点核心区的剪力为 V_c，梁端作用于节点区域的弯矩为 M_{b1}、M_{b2}，梁端作用于节点区域的剪力为 V_b。对于中节点试件由节点区域弯矩平衡可得：

$$M_{c1} + M_{c2} = M_{b1} + M_{b2} \tag{6-27}$$

同理，对于边节点、角节点试件，梁端作用于节点区域的弯矩为 M_b，则有：

$$M_{c1} + M_{c2} = M_b \tag{6-28}$$

节点达到极限状态时，柱端传来的轴向压力和弯矩等效作用于柱钢管和混凝土，得出合力 C_3、T_3、C_4 和 T_4 如图6.19所示。在节点核心区作一截面I-I，并以其上部作为隔离体，取力的平衡可知作用在节点区域的剪力 V_j：

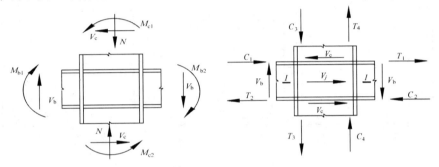

图 6.18　节点力分析模型

Fig. 6.18　Analysis model of force of joint

图 6.19　节点剪力分析模型

Fig. 6.19　Analysis model of shear of joint

$$V_j = C_1 + T_1 - V_c \tag{6-29}$$

对于中节点试件，T_2、C_1、T_1、C_2 为由梁端弯矩 M_{b1}、M_{b2} 计算得出的等效剪力。若设 h_{bw} 为钢梁翼缘重心之间的距离，则：

$$C_1 = M_{b1}/h_{bw}, \quad T_1 = M_{b2}/h_{bw} \tag{6-30}$$

对于边节点、角节点试件，T_2、C_1 为由梁端弯矩 M_b 计算得出的等效剪力：

$$C_1 = M_b/h_{bw} \tag{6-31}$$

试验时节点的受力情况如图6.20所示，柱剪力可取节点上、下柱反弯点之间的一个计算单元求得，其中柱的长度为 H，钢梁上翼缘到柱的上端面距离、钢梁下翼缘到柱的下端面距离均为 H_c，V_{b1}、V_{b2} 和 V_b 为梁端剪力。

由于反弯点处的弯矩为零，可知

$$M_{c1} = V_c H_c, \quad M_{c2} = V_c H_c \tag{6-32}$$

对于中节点试件，由式（6-30）可得：

126

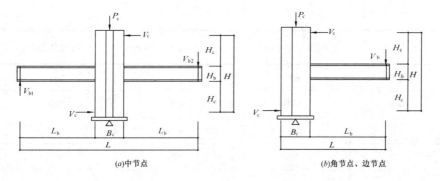

| (a)中节点 | (b)角节点、边节点 |

图 6.20　节点剪力计算示意图

Fig. 6.20　Calculation of the shear force in the panel zone

$$C_1 + T_1 = (M_{b1} + M_{b2})/h_{bw} \tag{6-33}$$

由式（6-32）可得：

$$V_c = (M_{c1} + M_{c2})/(2H_c) = (M_{b1} + M_{b2})/(2H_c)$$
$$= (M_{b1} + M_{b2})/(H - H_b) \tag{6-34}$$

对于边节点、角节点试件，由式（6-31）可得：

$$C_1 + T_1 = M_b/h_{bw} \tag{6-35}$$

由式（6-32）可得：

$$V_c = (M_{c1} + M_{c2})/(2H_c) = M_b/(2H_c) = M_b/(H - H_b) \tag{6-36}$$

对于中节点试件，由式（6-33）和式（6-34）可得：

$$V_j = \frac{(V_{b1} + V_{b2})L_b}{h_{bw}}\left(1 - \frac{h_{bw}}{H - H_b}\right) \tag{6-37}$$

对于边节点、角节点试件，由式（6-35）和式（6-36）可得：

$$V_j = \frac{V_b L_b}{h_{bw}}\left(1 - \frac{h_{bw}}{II - H_b}\right) \tag{6-38}$$

在试验中梁端剪力可由梁端铰支座处的力传感器测得的数据得出，根据式（6-37）和式（6-38）可计算得出本试验各试件特征点对应的节点核心区水平剪力如表 6.3 所示：

表 6.3　节点水平剪力实测值

Table 6.3　Shear force of joint core on characteristic points

试件名称	屈服剪力（kN）	极限剪力（kN）	破坏剪力（kN）
+J1	854	999	902
+J2	848	969	907

试件名称	屈服剪力（kN）	极限剪力（kN）	破坏剪力（kN）
+J3	830	929	880
+J4	1171	1361	1034
+J5	1717	1965	1822
TJ1	773	884	699
TJ2	1031	1180	1063
LJ1	590	691	596
LJ2	1007	1150	962

6.2.2 节点核心区扭矩的计算

只有当荷载的合力通过截面上的某一特定点时，构件才只发生弯曲而不产生扭转，这一特定点称为截面的剪切中心。本试验各试件的剪切中心如图6.21所示。由图可知中节点和边节点试件的柱顶水平荷载通过柱截面的形心和剪切中心；但对于角节点试件，柱顶水平荷载通过柱截面的形心，但与截面的剪切中心不在同一直线上。因此中节点和边节点试件不存在扭转，而角节点试件存在扭转。角节点试件节点核心区的计算扭矩为：

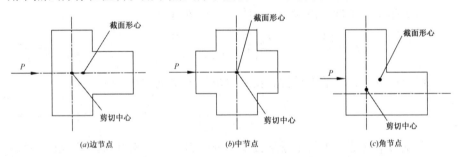

(a)边节点　　　　　　　(b)中节点　　　　　　　(c)角节点

图6.21　节点受力简图

Fig. 6.21　Shear force of joint core

$$T_j = P_e \tag{6-39}$$

式中　P——柱顶水平力；

　　　e——柱顶水平力到柱截面剪切中心的距离。

根据式（6-39）计算得到的试件 LJ1 和 LJ2 在各特征点的扭矩试验值如表6.4所示。

表 6.4　节点扭矩（kN·mm）

Table 6.4　Torque of joint

试件名称	屈服扭矩	极限扭矩	破坏扭矩
LJ1	7286	8368	7112
LJ2	19310	22817	19397

6.2.3　节点核心区各部分承担的剪力

矩形钢管混凝土异形柱-钢梁节点核心区可分为腹板肢和翼缘肢两部分，其中节点腹板肢的剪力由该部分的柱钢管腹板、翼缘和混凝土来承担，节点翼缘肢的剪力同样由该部分的柱钢管腹板、翼缘和混凝土来承担。通过有限元计算分析，可得出节点核心区各部分承担的剪力。节点各部分剪力占总剪力的百分比如表 6.5 所示，其中第一个字母 w 表示节点腹板肢，字母 f 表示节点翼缘肢；第二个字母 c 表示混凝土部分，字母 s 表示钢腹板部分，字母 l 表示翼缘部分；字母 a 表示节点弹性工作阶段，字母 y 表示节点达到屈服，字母 u 表示节点达到极限承载力。

表 6.5　节点核心区各部分承担的剪力

Table 6.5　Shear of the composition of joint

试件名称	V_{wa}/V_a	V_{wy}/V_y	V_{wu}/V_u	V_{fa}/V_a	V_{fy}/V_y	V_{fu}/V_u
+J1	77%	74%	68%	22%	26%	32%
+J2	77%	72%	65%	22%	28%	35%
+J3	74%	65%	60%	26%	35%	40%
+J4	83%	78%	69%	17%	22%	31%
+J5	86%	80%	71%	14%	20%	29%
TJ1（-）	78%	72%	67%	22%	28%	33%
TJ1（+）	79%	72%	66%	21%	28%	34%
TJ2（-）	85%	77%	67%	15%	23%	33%
TJ2（+）	86%	83%	71%	14%	17%	29%
LJ1（-）	88%	87%	75%	12%	13%	25%
LJ1（+）	87%	74%	74%	13%	26%	26%
LJ2（+）	91%	86%	81%	9%	14%	19%

试件名称	V_{wca}/V_a	V_{wcy}/V_y	V_{wcu}/V_u	V_{wsa}/V_a	V_{wsy}/V_y	V_{wsu}/V_u
+J1	38%	41%	37%	33%	27%	25%
+J2	38%	39%	32%	32%	26%	27%
+J3	46%	43%	38%	19%	14%	14%
+J4	43%	44%	36%	36%	29%	28%
+J5	47%	47%	37%	36%	30%	30%
TJ1（-）	41%	39%	33%	33%	28%	27%
TJ1（+）	40%	39%	33%	34%	28%	27%
TJ2（-）	46%	42%	34%	36%	31%	29%
TJ2（+）	44%	47%	38%	39%	33%	30%
LJ1（-）	43%	44%	36%	40%	38%	31%
LJ1（+）	44%	36%	35%	39%	31%	31%
LJ2（+）	46%	46%	39%	43%	35%	36%
试件名称	V_{fca}/V_a	V_{fcy}/V_y	V_{fcu}/V_u	V_{fsa}/V_a	V_{fsy}/V_y	V_{fsu}/V_u
+J1	13%	14%	17%	8%	11%	14%
+J2	14%	15%	20%	8%	12%	14%
+J3	16%	19%	22%	9%	15%	16%
+J4	14%	19%	24%	2%	3%	6%
+J5	13%	18%	26%	0.4%	0.7%	2%
TJ1（-）	13%	15%	17%	7%	11%	13%
TJ1（+）	12%	15%	18%	8%	12%	13%
TJ2（-）	12%	18%	23%	2%	4%	8%
TJ2（+）	12%	13%	22%	1%	3%	6%
LJ1（-）	10%	10%	18%	1%	2%	5%
LJ1（+）	10%	18%	18%	2%	6%	6%
LJ2（+）	7%	13%	18%	0.1%	0.3%	0.4%

试件名称	V_{wla}/V_a	V_{wly}/V_y	V_{wlu}/V_u	V_{fla}/V_a	V_{fly}/V_y	V_{flu}/V_u
+J1	6%	6%	6%	1%	1%	1%
+J2	6%	7%	6%	1%	1%	1%
+J3	9%	8%	7%	1%	1%	2%
+J4	4%	5%	5%	1%	1%	1%
+J5	3%	3%	4%	1%	1%	1%
TJ1（-）	5%	5%	7%	2%	2%	3%
TJ1（+）	5%	5%	6%	2%	2%	3%
TJ2（-）	3%	3%	4%	1%	2%	2%
TJ2（+）	3%	3%	3%	1%	1%	2%
LJ1（-）	5%	5%	7%	1%	2%	2%
LJ1（+）	5%	7%	8%	1%	2%	2%
LJ2（+）	3%	4%	5%	1%	1%	1%

由表 6.5 中结果可知，试件屈服前节点腹板肢剪力约占总剪力的 74% ~ 91%；当试件达到屈服荷载时，该比例减小为 65% ~ 87%；当试件达到极限荷载时，节点腹板肢剪力约占总剪力的 60% ~ 81%。相应的试件屈服前节点翼缘肢剪力约占总剪力的 9% ~ 26%；当试件达到屈服荷载时，该比例增大为 13% ~ 35%，试件达到极限荷载时，节点翼缘肢剪力约占总剪力的 19% ~ 40%，说明翼缘肢对于节点剪力有一定的贡献，节点剪力的计算中需充分考虑节点翼缘肢的贡献。节点腹板肢翼缘部分剪力约占总剪力的 3% ~ 9%，翼缘肢翼缘部分剪力约占总剪力的 1% ~ 2%，在本试验中为保证节点不发生弯曲破坏，加强柱的受弯承载力，将柱翼缘的钢板加厚，使得翼缘部分对节点剪力的贡献较实际模型大，说明在实际模型中翼缘部分对节点剪力的贡献较小，在节点剪力计算中可忽略翼缘部分的贡献。

试件在弹性范围内工作时，节点核心区混凝土分担的剪力约为总剪力的 51% ~ 62%，钢腹板部分分担的剪力约为总剪力的 28% ~ 43%，柱翼缘部分分担的剪力约为总剪力的 4% ~ 10%，说明绝大部分的水平剪力由节点核心区混凝土承担。随着荷载的增加，组成节点核心区各部分的变形在不断增大，当试件达到屈服时混凝土承担水平剪力的份额增大 1% ~ 6%，而钢腹板部分承担水平剪力的份额（除试件 +J3）均减小，其占水平剪力的份额最多可减小 6%，说明节点核心区混凝土仍是抗剪承载力的主力元件。当试件达到极限荷载时，混凝土承担水平剪力的份额较试件屈服时减小1%～4%，而钢腹板部分承担水平剪力的份额（除试件 LJ1 外）较试件屈服时增大1%～3%，说明随着节点核心区混凝土主斜裂缝的形成，混凝土对节点剪力的贡献逐渐减小；由于节点钢腹板屈服后逐渐强化，其承担的水平剪力进一步增大。

由表可知对于中节点试件随着轴压比的增大，节点腹板肢混凝土对于节点剪力的贡献增大。随着荷载的增大节点翼缘肢混凝土和钢腹板对于节点剪力的贡献逐渐增大，这是由于试件屈服后节点翼缘肢混凝土没有大面积开裂、钢腹板塑性发展不充分。当柱截面肢高肢厚比相同时，角节点试件节点腹板肢混凝土承担节点剪力的份额均高于中节点、边节点试件，说明角节点试件节点翼缘肢混凝土、钢腹板对节点剪力的贡献较小。

6.3　节点受剪承载力计算

由节点受力机理可知，节点域抗剪承载力包括节点域钢管腹板的抗剪承载力、节点域混凝土主斜压杆的抗剪承载力和约束斜压杆的抗剪承载力三部分。

6.3.1　节点钢腹板的剪力计算

矩形钢管混凝土节点钢腹板的剪力-剪切变形曲线可假设为如图6.22所示的抗剪三折线模型。其中，V_{sy} 和 γ_{sy} 分别表示节点钢管腹板的屈服剪力和屈服剪切变形，V_{sr} 和 γ_{sr} 分别表示节点钢管腹板在塑性刚度降低点的剪力和剪切变形，V_{su} 和 γ_{su} 分别表示节点钢管腹板的极限剪力和极限剪切变形。该抗剪三折线模型建立在由 Prandtl – Reuss 本构方程推导出的钢材应力-应变三折线模型[213]，如图6.23所示。在图中 σ_{sy}、ε_{sy} 分别表示钢材的屈服应力和应变，σ_{sr}、ε_{sr} 分别表示钢材在塑性刚度降低点的应力和应变，σ_{su}、ε_{su} 分别表示钢材的极限应力和应变。其中：

$$\sigma_{sr} = 0.8\ (\sigma_{su} - \sigma_{sy})\ + \sigma_{sy} \tag{6-40}$$

将式（6-20）代入式（6-23）可得：

$$\sqrt{\sigma_s^2 + 3\tau_s^2} = \sigma_{sy} \tag{6-41}$$

因此可得节点核心区钢管腹板屈服时所能承受的最大剪应力：

$$\tau_{maxs} = \frac{\sqrt{\sigma_{sy}^2 - \sigma_s^2}}{\sqrt{3}} \tag{6-42}$$

（1）节点核心区钢腹板的屈服剪力为：

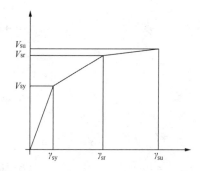

图 6.22　节点钢腹板的剪力-变形曲线
Fig. 6.22　Curve of shear force – deformation
relation relation for web in panel zones

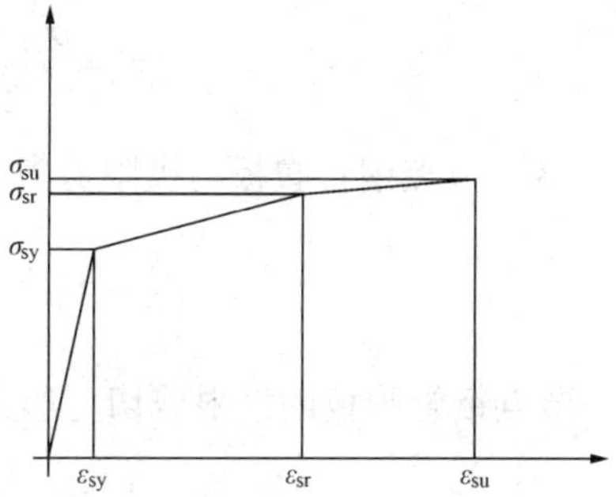

图 6.23　钢腹板应力-应变三折线模型
Fig. 6.23　Trilinear model for stress – strain
of web in panel zones

$$V_{\text{sy}} = \frac{A_{\text{w}}\sqrt{\sigma_{\text{sy}}^2 - \sigma_{\text{s}}^2}}{\sqrt{3}} \tag{6-43}$$

式中　A_{w}——节点钢腹板的截面面积；

　　　A_{ws}——节点腹板肢钢腹板的截面面积；

　　　A_{fs}——节点翼缘肢钢腹板的截面面积。

对于肢高肢厚比为 2 时的中节点和边节点试件，$A_{\text{w}} = A_{\text{ws}} + A_{\text{fs}}$；对于肢高肢厚比为 2 时的角节点试件，肢高肢厚比为 3 和 4 时的中节点、边节点和角节点试件，$A_{\text{w}} = A_{\text{ws}}$。

相应的节点核心区钢腹板的屈服剪切变形为：

$$\gamma_{\text{sy}} = \kappa_{\text{s}} \frac{V_{\text{sy}}}{A_{\text{w}} G_{\text{s}}} \tag{6-44}$$

式中　κ_{s}——钢管的剪切系数，方钢管混凝土节点取 1.2；

　　　G_{s}——钢管的剪切模量。

（2）节点钢管腹板在塑性刚度降低点的剪力为：

$$V_{\text{sr}} = A_{\text{w}} \frac{\sqrt{\sigma_{\text{sr}}^2 - \sigma_{\text{sN}}^2}}{\sqrt{3}} \tag{6-45}$$

节点钢管腹板在塑性刚度降低点的剪切变形为：

$$\gamma_{\text{sr}} = \frac{(V_{\text{sr}} - V_{\text{sy}})}{A_{\text{w}} G_{\text{s}}'} + \gamma_{\text{sy}} \tag{6-46}$$

其中 G_{s}' 为钢管的第二剪切模量，可由下式表达为：

$$G_{\text{s}}' = \frac{1}{\dfrac{1}{G_{\text{s}}} + \dfrac{9}{\alpha_{\text{s1}} E_{\text{s}}(\sigma_{\text{sN}}^2/\tau'^2 + 3)}} \tag{6-47}$$

$$\tau' = \frac{\sigma_{sy} + \sigma_{sr}}{2\sqrt{3}} \tag{6-48}$$

（3）节点钢管腹板的极限剪力为：

$$V_{su} = A_w \frac{\sqrt{\sigma_{sB}^2 - \sigma_{sN}^2}}{\sqrt{3}} \tag{6-49}$$

节点钢管腹板的极限剪切变形为：

$$\gamma_{su} = \frac{(V_{su} - V_{sr})}{A_w G_s''} + \gamma_{sr} \tag{6-50}$$

其中 G_s' 为钢管的第二剪切模量，可由下式表达为：

$$G_s'' = \cfrac{1}{\cfrac{1}{G_s} + \cfrac{9}{\alpha_{s2} E_s \ (\sigma_{sN}^2/\tau''^2 + 3)}} \tag{6-51}$$

$$\tau' = \frac{\sigma_{sr} + \sigma_{sB}}{2\sqrt{3}} \tag{6-52}$$

6.3.2 节点混凝土的剪力计算

在矩形钢管混凝土异形柱-钢梁节点域混凝土的斜压杆机制中，混凝土斜压杆由主斜压杆和约束斜压杆组成，其中约束斜压杆通过钢管翼缘的约束作用延伸了混凝土斜压杆的宽度，因此需充分考虑约束斜压杆对于节点域混凝土极限剪力的贡献。

图 6.24 （a）所示为节点核心区混凝土斜压杆分析模型，图中的阴影部分为混凝土主斜压杆，网格划分区域为混凝土约束斜压杆，混凝土约束斜压杆分布的特点：其端部位于内隔板与柱翼缘相交的部分，并沿混凝土主斜压杆的方向延伸。则混凝土约束斜压杆、柱翼缘之间的夹角 θ 与混凝土主斜压杆、柱翼缘之间的夹角 ϕ 相同。根据日本建筑学会 AIJ 于 1990 年制定的"钢筋混凝土结构抗震设计标准"[214]，ϕ 可由拱机制得出，具体表达式为：

$$\phi = \tan^{-1}\left\{\sqrt{1 + \left(\frac{d}{h_c}\right)^2} - \frac{d}{h_c}\right\} \tag{6-53}$$

其中 h_c 为腹板肢节点域混凝土水平截面的高度，d 为节点上、下内隔板之间的距离，则混凝土约束斜压杆、柱翼缘之间的夹角 θ 可表示为：

$$\theta = \tan^{-1}\left\{\sqrt{1 + \left(\frac{d}{h_c}\right)^2} - \frac{d}{h_c}\right\} \tag{6-54}$$

当节点达到极限承载力时，柱钢管翼缘与内隔板构成的刚性框四角形成塑性铰，混凝土约束斜压杆也达到极限承载力。若假定腹板肢节点域混凝土

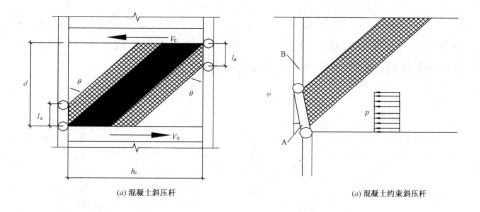

(*a*) 混凝土斜压杆　　　　　　　　　　(*a*) 混凝土约束斜压杆

图 6.24　约束斜压杆分析模型

Fig. 6.24　Model of the confined compression strut

约束斜压杆作用于柱翼缘的水平方向均布压力为 p，且该均布压力的作用长度为 l_a，则柱翼缘在均布压力 p 的作用下在混凝土约束斜压杆的端部形成塑性铰，如图 6.24（*a*）所示。塑性铰将柱翼缘钢板分为 A 和 B 两部分如图 6.24（*b*）所示，假定由于约束斜压杆的作用使钢板 A 产生虚转角 ψ，则钢板 A 在均布力 p 的作用下对钢板 B 所作的虚功 W_e 为：

$$W_e = \frac{1}{2}p\psi l_a^2 \tag{6-55}$$

式中 $p = h_c f_c \sin^2\theta$。根据柱翼缘塑性铰的全塑性弯矩 M_{fpw} 可得出由塑性铰的变形产生的虚功 W_i 为：

$$W_i = 2M_{fpw}\psi \tag{6-56}$$

式中 $M_{fpw} = (d_s t_s^2 / 4)\sigma_{fsy}$，$d_s$ 为柱翼缘水平截面的宽度，t_s 为柱翼缘的厚度，σ_{fsy} 为柱翼缘的屈服强度。由虚功原理可得：

$$W_e = W_i \tag{6-57}$$

则可得出：

$$\frac{1}{2}p\psi l_a^2 = 2M_{fpw}\psi \tag{6-58}$$

由上式可得出 l_a 为：

$$l_a = \frac{2}{\sin\theta}\sqrt{\frac{M_{fpw}}{h_c f_c}} \tag{6-59}$$

腹板肢节点域混凝土约束斜压杆的极限剪力为：

$$V_{cuc} = 2p l_a = 4\sqrt{\frac{M_{fpw}}{h_c f_c}}\, h_c f_c \sin\theta = 2\sqrt{d_s t_s^2 \sigma_{fsy} h_c f_c}\,\sin\theta \tag{6-60}$$

采用混凝土斜压杆受力模式对矩形钢管混凝土异形柱-钢梁节点核心区主斜压杆进行分析如图 6.25 所示，其中 H 为斜压杆的等效宽度，则节点核心区主斜压杆的抗剪承载力 V_{cum} 可以表示为：

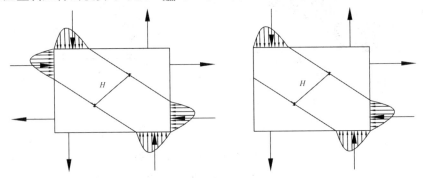

图 6.25　混凝土斜压杆受力模式

Fig. 6.25　Mechanics of compression strut

$$V_{cum} = Hb_c \xi_f f_c \eta \tag{6-61}$$

式中　b_c——腹板肢节点域混凝土水平截面的厚度；

η——中间层处于不同位置节点的斜压杆宽度影响系数，对于边节点和角节点取 0.8，中节点取 1.0；

ξ_f——节点区翼缘的有效利用系数，可根据有限元分析得到的试件节点核心区混凝土部分的总剪力与腹板肢节点域混凝土剪力比值的变化规律得出，ξ_f 的取值如表 5.3 所示。

根据节点所处位置的不同，H 可以表达为节点核心区对角线长度的某一比值：

$$H = \alpha \sqrt{h_j^2 + h_b^2} \tag{6-62}$$

其中 h_j 可取为腹板肢节点域混凝土截面高度 h_c，h_b 为梁截面高度，可表示为腹板肢节点域混凝土截面高度的某一比值 ω，$h_b = \omega h_c$，则有：

$$H = \alpha \sqrt{1 + \omega^2}\, h_c \tag{6-63}$$

如果令 $\beta = \alpha \sqrt{1 + \omega^2}$，则由式（6-63）表示式（6-61）可得：

$$V_{cum} = \beta h_c b_c \xi_f f_c \eta \tag{6-64}$$

则节点域混凝土的极限剪力为：

$$V_{cu} = \xi_f \eta (\beta h_c b_c f_c + V_{cuc}) \tag{6-65}$$

其中 β 为轴压力对混凝土抗剪承载力的影响系数，实质上其反映了轴向压力对混凝土的约束作用，β 可以通过试验数据、有限元分析结果求出。求解 β 时，可将节点核心区极限抗剪承载力减去节点钢腹板及混凝土约束斜压杆的抗剪承载力后得到，即：

$$\beta = \frac{V_{ue} - V_{sy} - \xi_f \eta V_{cuc}}{\xi_f \eta h_c b_a f_c}$$ （6-66）

其中 V_{ue} 为试验数据、有限元分析结果中节点核心区极限剪力值，对试验数据、有限元分析结果进行线性回归可以得到 β 和轴压比 n 的关系如图 6.26 所示。

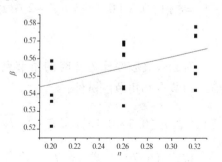

图 6.26 β 和轴压比关系

Fig. 6.26 Relationship between n and β

则 β 的表达式为：

$$\beta = 0.5142 + 0.1466n$$ （6-67）

由上式可知 β 随轴压比的增大而提高，说明节点核心区混凝土抗剪承载力随轴向压力的增大而提高，则可得出节点核心区混凝土极限抗剪承载力计算公式如下：

$$V_{cu} = \xi_f \eta \left[(0.5 + 0.1n) h_c b_a f_c + 2\sqrt{d_s t_s^2 \sigma_{fsy} h_a f_c} \sin\theta \right]$$ （6-68）

6.3.3 节点受剪承载力计算

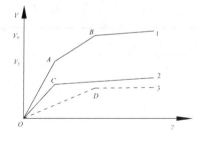

图 6.27 节点核心区剪力-
变形关系模型

Fig. 6.27 Model of shear force–
deformation relation for joint

由文献研究[213]和有限元分析结果可知，矩形钢管混凝土异形柱-钢梁框架节点核心区剪力-变形关系模型如图 6.27 所示，图中线 1 表示节点域的剪力-变形曲线，图中线 2 表示节点钢腹板的剪力-变形曲线，图中线 3 表示节点混凝土的剪力-变形曲线；点 A、B 分别为节点域的屈服点和极限点，点 C 为节点钢腹板的屈服点，点 D 为节点混凝土的极限点。由图可知节点达到屈服时，核心区钢腹板已屈服，而核心混凝土未达到极限强度；节点达到极限承载力时，核心区钢腹板处于剪切流变状态，而核心混凝土达到极限强度。因此节点的抗剪承载力 V_u 可表达为：

$$V_u = V_{sy} + V_{cu}$$ （6-69）

式中 V_{sy}——钢管腹板达到屈服时对节点剪力的贡献；

V_{cu}——节点核心区混凝土的极限抗剪承载力。

综上可得矩形钢管混凝土异形柱-钢梁框架节点抗剪承载力计算公

式为：

对于肢高肢厚比为 2 时的中节点和边节点试件：

$$V_u = \xi_f \eta \left[(0.5 + 0.1n) h_c b_a f_c + 2\sqrt{d_s t_s^2 \sigma_{fsy} h_a f_c} \sin\theta \right] + \frac{(A_{ws} + A_{fs})\sqrt{\sigma_{sy}^2 - \sigma_s^2}}{\sqrt{3}}$$

$$(6\text{-}70)$$

对于肢高肢厚比为 2 时的角节点试件，肢高肢厚比为 3 和 4 时的中节点、边节点和角节点试件：

$$V_u = \xi_f \eta \left[(0.5 + 0.1n) h_c b_a f_c + 2\sqrt{d_s t_s^2 \sigma_{fsy} h_a f_c} \sin\theta \right] + \frac{A_{ws}\sqrt{\sigma_{sy}^2 - \sigma_s^2}}{\sqrt{3}} \quad (6\text{-}71)$$

按式（6-70）、式（6-71）计算所得出的理论值与试验值比较结果如表 6.6 所示。

由计算结果可知试验值与计算值之比的均值为 0.995，均方差为 0.021，变异系数为 0.023，说明试件节点极限承载力计算值和试验值吻合较好。

表 6.6　节点域极限剪力试验值与计算值的对比

Table 6.6　Ultimate shear force between theoretical and experimental results in panel zone

试件名称	V_u^e（kN）	V_u（kN）	V_u^e / V_u
+ J1	999	993	1.006
+ J2	969	994	0.975
+ J3	929	986	0.942
+ J4	1361	1353	1.006
+ J5	1965	1952	1.007
TJ1	884	880	1.005
TJ2	1180	1173	1.006
LJ1	691	687	1.006
LJ2	1150	1144	1.005

抗震计算时，尚应考虑抗力调整系数 γ_{RE}，则有：

对于肢高肢厚比为 2 时的中节点和边节点试件，

$$V_u = \frac{\xi_f \eta}{\gamma_{RE}} \left[(0.5 + 0.1n) h_c b_a f_c + 2\sqrt{d_s t_s^2 \sigma_{fsy} h_a f_c} \sin\theta \right] + \frac{(A_{ws} + A_{fs})\sqrt{\sigma_{sy}^2 - \sigma_s^2}}{\sqrt{3}}$$

$$(6\text{-}72)$$

对于肢高肢厚比为 2 时的角节点试件，肢高肢厚比为 3 和 4 时的中节点、边节点和角节点试件：

$$V_u = \frac{\xi_f \eta}{\gamma_{RE}} \left[(0.5 + 0.1n) h_c b_c f_c + 2\sqrt{d_s t_s^2 \sigma_{fsy} h_c f_c} \sin\theta \right] + \frac{A_{ws}\sqrt{\sigma_{sy}^2 - \sigma_s^2}}{\sqrt{3}} \quad (6-73)$$

6.3.4 节点屈服剪力计算

由上述分析可知，节点达到屈服时核心区钢腹板已屈服，则节点的屈服剪力 V_y 可表达为：

$$V_y = V_{sy} + V_{cy} \quad (6-74)$$

其中 V_{cy} 为节点达到屈服时核心混凝土的抗剪承载力。V_{cy} 可通过核心混凝土屈服剪力影响系数 α 和 V_{cu} 求出，表达式为：

$$V_{cy} = \alpha V_{cu} \quad (6-75)$$

由先前的试验研究结果[213]可知，α 随轴压比 n 和 d/h_c 的不同而变化，可通过对试验数据、有限元分析结果进行多元线性回归得到 α 和轴压比 n、d/h_c 的关系。求解 α 的表达式：

$$\alpha = \frac{V_{ye} - V_{sy}}{V_{cu}} \quad (6-76)$$

其中 V_{ye} 为试验数据、有限元分析结果中节点核心区屈服剪力值，可得到 α 和轴压比 n、d/h_c 的关系如下式所示：

$$\alpha = 0.925 - 0.376n - 0.085\frac{d}{h_c} \quad (6-77)$$

对于肢高肢厚比为 2 时的中节点和边节点试件，节点屈服剪力为：

$$V_y = \left(0.925 - 0.38n - 0.1\frac{d}{h_c} \right) \xi_f \eta \left[(0.5 + 0.1n) h_c b_c f_c + 2\sqrt{d_s t_s^2 \sigma_{fsy} h_c f_c} \sin\theta \right]$$
$$+ \frac{(A_{ws} + A_{fs})\sqrt{\sigma_{sy}^2 - \sigma_s^2}}{\sqrt{3}} \quad (6-78)$$

对于肢高肢厚比为 2 时的角节点试件，肢高肢厚比为 3 和 4 时的中节点、边节点和角节点试件，节点屈服剪力为：

$$V_y = \left(0.925 - 0.38n - 0.1\frac{d}{h_c} \right) \xi_f \eta \left[(0.5 + 0.1n) h_c b_c f_c + 2\sqrt{d_s t_s^2 \sigma_{fsy} h_c f_c} \sin\theta \right]$$
$$+ \frac{A_{ws}\sqrt{\sigma_{sy}^2 - \sigma_s^2}}{\sqrt{3}} \quad (6-79)$$

按式（6-78）、式（6-79）计算所得出的理论值与试验值比较结果如表 6.7 所示。

表 6.7 节点域屈服剪力试验值与计算值的对比

Table 6.7 Yield shear force between theoretical and
experimental results in panel zone

试件名称	V_y^e（kN）	V_y（kN）	V_y^e/V_y
+J1	854	836	1.022
+J2	848	822	1.032
+J3	830	798	1.040
+J4	1171	1142	1.025
+J5	1717	1674	1.026
TJ1	773	759	1.018
TJ2	1031	1008	1.023
LJ1	590	577	1.023
LJ2	1007	985	1.022

由计算结果可知试验值与计算值之比的均值为 1.026，均方差为 0.006，变异系数为 0.006，说明试件节点屈服剪力计算值和试验值吻合较好。

抗震计算时，尚应考虑抗力调整系数 γ_{RE}，则有：

对于肢高肢厚比为 2 时的中节点和边节点试件：

$$V_y = \frac{1}{\gamma_{RE}}\left(0.925 - 0.38n - 0.1\frac{d}{h_c}\right)\xi_f\eta\left[(0.5 + 0.1n)h_c b_o f_c + 2\sqrt{d_s t_s^2 \sigma_{fsy} h_o f_c}\sin\theta\right]$$
$$+ \frac{(A_{ws} + A_{fs})\sqrt{\sigma_{sy}^2 - \sigma_s^2}}{\sqrt{3}} \tag{6-80}$$

对于肢高肢厚比为 2 时的角节点试件，肢高肢厚比为 3 和 4 时的中节点、边节点和角节点试件：

$$V_y = \frac{1}{\gamma_{RE}}\left(0.925 - 0.38n - 0.1\frac{d}{h_c}\right)\xi_f\eta\left[(0.5 + 0.1n)h_c b_o f_c + 2\sqrt{d_s t_s^2 \sigma_{fsy} h_o f_c}\sin\theta\right]$$
$$+ \frac{A_{ws}\sqrt{\sigma_{sy}^2 - \sigma_s^2}}{\sqrt{3}} \tag{6-81}$$

6.4 剪扭构件承载力计算

本次试验中矩形钢管混凝土异形柱-钢梁角节点存在扭转，该节点处于压、弯、剪和扭共同作用，因此，角节点承载力的计算应考虑各种承载力之

140

间的相互影响。

6.4.1 纯扭构件承载力计算

研究钢管混凝土纯扭构件的工作机理，确定其抗扭承载力的计算方法，是深入研究钢管混凝土复合受扭构件工作机理及其承载力计算方法的基础。

根据韩林海和钟善桐（1995）的试验研究成果[216]，在纯扭状态下钢管混凝土中的核心混凝土，由于受到钢管的约束，延缓了混凝土的开裂；随着扭矩的继续增大，开裂的混凝土绕柱轴沿螺旋破坏面螺旋转动、上升，由于钢管对其的约束作用，在混凝土的破坏面间产生了压应力，且该压应力随着转角的增大而增大；同时由于钢管管壁和核心混凝土之间的粘结作用限制了混凝土发生转动错位，延缓了混凝土裂缝的扩展，故钢管混凝土构件核心混凝土的抗扭程度和塑性性能比素混凝土得到显著提高。另一方面由于混凝土的存在，防止钢管发生内凹屈曲，充分发挥了钢材的材料性能，使得钢管混凝土纯扭构件具有良好的承载能力和塑性性能。对于矩形钢管混凝土，随着扭矩的增加，钢管的直边对核心混凝土约束效果不如钢管角部，因此钢管与核心混凝土的相互作用力主要集中在钢管角部位置。

钟善桐研究钢管混凝土构件的受扭工作机理时将其视为统一体，运用有限单元法得到了钢管混凝土构件扭矩和变形的全过程关系曲线，从而得到了对应的剪应力与剪应变的关系，试件典型的 τ-γ 全过程曲线如图 6.28 所示。由图可知钢管混凝土构件受扭工作分为三个阶段：（1）弹性阶段（OA）：该阶段应力不大，钢管和混凝土之间没有紧箍力作用，A 点对应于钢材进入弹塑性阶段的起点。（2）弹塑性阶段（AB）：该阶段钢管和混凝土之间产生紧箍力，钢管和混凝土处于双向受剪应力状态，a_0 点相对于核心混凝土开始发展微裂缝。（3）塑性强化阶段（BC）：钢管屈服后，由于其受到核心混凝土有效的约束作用而不发生局部凹陷，故构件的抗扭承载力继续增长，塑性性能良好。

参考韩林海和钟善桐（1996）的研究成果[217]，将矩形钢管混凝土纯扭构件核心混凝土开始发展裂缝时钢管截面最大的剪应变定为抗扭屈服点。假设构件的扭矩为 T，构件全截面的抗扭截面模量为 W_{sct}，为了合理确定矩形钢管混凝土纯扭构件组合抗扭屈服点，取钢管截面最大剪应变 $\gamma_{scy} = 3500 \mu\varepsilon$ 时对应的

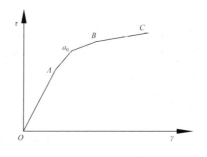

图 6.28　试件剪应力-剪应变曲线

Fig. 6.28　Shear stress – strain

curve of specimen

141

钢管混凝土最大平均剪应力为构件组合抗扭屈服极限指标 τ_{scy}。在已有研究结果综合分析的基础上得出 τ_{scy} 与构件轴压强度承载力指标 f_{scy}、构件套箍系数 ξ 相关。在工程常用套箍系数范围,即 $\xi = 0.2 \sim 5$ 内,矩形钢管混凝土纯扭构件的 f_{scy} 表达式如下:

$$f_{scy} = (1.18 + 0.85\xi) \cdot f_{ck} \qquad (6\text{-}82)$$

通过对 $\tau_{scy}/f_{scy} - \xi$ 关系的回归分析,可得出矩形钢管混凝土纯扭构件 τ_{scy} 的计算公式如下:

$$\tau_{scy} = (0.385 + 0.25\alpha^{1.5})\xi^{0.125}f_{scy} \qquad (6\text{-}83)$$

其中 α 为构件的含钢率,则矩形钢管混凝土构件的抗扭承载力计算公式如下:

$$T_u = \gamma_t W_{sct} \tau_{scy} \qquad (6\text{-}84)$$

其中 γ_t 为抗扭承载力计算系数,可表示为:

$$\gamma_t = 1.4305 + 0.24221n(\xi) \qquad (6\text{-}85)$$

由于矩形钢管混凝土异形柱构件是由钢材和混凝土组合而成,在试验后剥开钢管时发现钢与混凝土的粘结作用较强,二者能较好地共同工作;同时构件中的翼缘肢通过钢管焊接连接、钢与混凝土之间的粘结力和腹板肢形成一个整体,在试验过程中未出现翼缘肢与腹板肢之间的焊缝开裂,故在分析矩形钢管混凝土异形柱纯扭构件时应将其视为统一体。本章对矩形钢管混凝土异形柱-钢梁节点抗扭承载力按照上述方法进行计算,其中 W_{sct} 取矩形钢管混凝土异形柱的全截面抗扭截面模量。

6.4.2 剪扭构件承载力计算

矩形钢管混凝土异形柱-钢梁节点一般处于相互影响的压、弯、剪和扭共同作用下,其中柱端轴向压力的影响将在受剪承载力和受扭承载力中分别进行考虑;为了简化计算,将梁、柱端的弯矩转化为力偶,将其影响在受剪承载力中进行考虑。

参考韩林海(1995)、和钟善桐(1996)的研究成果[218,219],建议矩形钢管混凝土异形柱-钢梁节点剪扭承载力相关方程可采用如下表达式:

$$\left(\frac{V}{V_u}\right)^2 + \left(\frac{T}{T_u}\right)^2 = 1 \qquad (6\text{-}86)$$

其中 T、V 为节点在剪扭作用下的受扭承载力和受剪承载力,T_u、V_u 为节点在纯扭作用下的受扭承载力及扭矩为零时的受剪承载力。将按式(6-84)计算出的 T_u 和按式(6-71)计算出的 V_u 代入式(6-86)可得出矩形钢管混凝土异形柱-钢梁节点在剪扭共同作用下的受扭承载力,节点在剪扭共同作用下的受扭承载力计算值与试验值的比较结果如表6.8所示：

表6.8 剪扭构件承载力计算值和试验值比较

Table 6.8 Comparison of calculation results with test results

for shear – torque members

试 件	T_u^e（N·mm）	T_u（N·mm）	T_u^e/T_u
LJ1	8368000	7620974	1.10
LJ2	22816800	21570061	1.06

6.5 本章小结

本章在试验研究的基础上分析了节点核心区受到的剪力和扭矩及各特征点处各抗力元件承担的剪力，得出节点受力机理为钢桁架、主斜压杆和约束斜压杆的综合作用。将节点域抗剪贡献分为三部分进行研究，包括节点域钢管腹板的抗剪贡献、节点域混凝土主斜压杆的抗剪贡献和约束斜压杆的抗剪贡献。根据试验结果和力学分析，推导了核心区钢腹板剪力计算公式；由虚功原理得出核心区混凝土约束斜压杆的强度计算公式；通过对试验数据和有限元结果的回归分析得到核心区混凝土主斜压杆的强度计算公式；在此基础上提出了矩形钢管混凝土异形柱-钢梁框架节点屈服剪力和极限抗剪承载力的计算公式，公式不仅考虑了柱轴力对节点核心区实际受力状态的影响，而且考虑了钢管对混凝土的约束作用。对于角节点给出了剪扭作用下的受剪和受扭承载力计算公式。

参 考 文 献

［1］ Cheng-Tzu, Thomas Hsu. T-shaped reinforced concrete members under biaxial bending and axial compression［J］. ACI Structure Journal, 1989, 86 (4)：460-468.

［2］ Ramamurthy L. N., Hafeez Khan T. A. L-shaped column design for biaxial eccentricity ［J］. Journal of Structure Engineering, 1983, 109 (8)：1903-1917.

［3］ Mallikarjural, Mahadevappa P. Computer aided analysis of reinforced concrete columns subjected to axial compression and bending-I L-shaped sections［J］. Computers and Structures, 1992, 44 (5)：1121-1132.

［4］ Sinha S. N. Design of cross (+) section of column［J］. The India Concrete Journal, 1996, 70 (3)：153-158.

［5］ Joaquín Marín. Design aids for L-shaped reinforced concrete columns［J］. ACI Journal, 1979, 76 (11)：1197-1216.

［6］ Oya T, Furuta T, and Kiyota S. Study on cross-shaped columns of new type steel-framed reinforced concrete construction［C］//Proceedings of the 3rd pacific structural steel conference, Tokyo, 1992.

［7］ Yan C. Y., Chan S. L., Wso A. K. Biaxial bending design of arbitrarily shaped reinforced concrete columns［J］. ACI Structure Journal, 1993, 90 (3)：269-278.

［8］ 巩长江, 康谷贻, 姚石良. L形截面钢筋混凝土框架柱受剪性能的试验研究［J］. 建筑结构, 1999, 1：31-34.

［9］ 何培玲, 赵艳静, 王振武. 十字形截面钢筋混凝土双向压弯柱延性的试验及理论研究［J］. 建筑结构, 1999, 1：38-41.

［10］ 周建中, 陆春阳, 赵鸿铁. 钢筋混凝土不等肢L形异形柱承载力的试验研究［J］. 西安建筑科技大学学报, 2001, 33 (1)：6-9.

［11］ 郭棣, 吴敏哲, 谢异同. 宽肢T形柱的滞回特性及耗能分析［J］. 世界地震工程, 2002, 18 (2)：146-149.

［12］ 李杰, 吴建营, 周德源, 聂礼鹏. L形和Z形宽肢异形柱低周反复荷载试验研究［J］. 建筑结构学报, 2002, 23 (1)：9-15.

［13］ 曹万林, 胡国振, 崔立长等. 钢筋混凝土带暗柱异形柱抗震性能试验及分析［J］. 建筑结构学报, 2002, 23 (1)：16-26.

［14］曹万林，黄选明，宋文勇等．带交叉钢筋异形截面短柱抗震性能试验研究及非线性分析［J］．建筑结构学报，2005，26（3）：30-37.

［15］陈鑫，赵成文，赵乃志等．不同肢长钢筋混凝土异型柱抗震性能试验研究［J］．沈阳建筑大学学报，2005，21（2）：103-106.

［16］冯建平，吴修文．T形截面柱框架边节点的抗震性能［J］．华南理工大学学报，1995，23（3）：123-130.

［17］曹祖同，陈云霞，吴戈．钢筋混凝土异形柱框架节点强度的研究［J］．建筑结构，1999，1：42-46.

［18］张笛川．混凝土异形柱框架节点抗震性能试验研究［D］．重庆：重庆大学，2005.

［19］李淑春，苏幼坡，王绍杰．分散式配筋梁异形柱框架节点在低周反复荷载作用下试验研究的抗震性能［J］．河北理工学院学报，2004，26（3）：102-107.

［20］马乐为，陈昌宏，李晓丽．异形柱框架节点抗震性能试验研究［J］．世界地震工程，2006，22（4）：70-73.

［21］李荣年，徐海燕．低周反复荷载作用下T形柱框架边节点受力性能研究［J］．辽东学院学报，2006，13（49）：23-26.

［22］中国建筑科学研究院抗震所．泉州异形柱框架试验研究报告［R］．1989.

［23］王滋军，刘伟庆，蒋永生等．中高层大开间钢筋混凝土异形柱框架结构抗震性能研究［J］．地震工程与工程振动，1999，19（3）：60-64.

［24］罗素蓉，郑建岚．异形柱空间框架结构的试验研究［J］．福州大学学报，1999，27（6）：80-83.

［25］刘威，李杰．钢筋混凝土异型柱框架低周反复加载试验研究［J］．结构工程师，2002，3：56-61.

［26］郭棣，吴敏哲，艾兵．T形截面柱框架的抗震性能分析［J］．西安建筑科技大学学报，2003，35（3）：205-207.

［27］陈鑫，赵成文，赵乃志等．不同肢长异型柱框架结构弹塑性时程分析［J］．沈阳建筑大学学报，2004，20（4）：287-290.

［28］郭健霖，瑞丽，刘伟庆．中高层钢筋混凝土异形柱框架-抗震墙结构的抗震性能研究［J］．地震工程与工程振动，2006，26（4）：90-95.

［29］王铁成，林海，康谷贻等．钢筋混凝土异形柱框架试验及静力弹塑性分析［J］．天津大学学报，2006，39（12）：1457-1464.

［30］汪明栋．钢筋混凝土异形柱框架抗震性能试验研究与弹塑性分析［D］．天津：天津大学，2006.

［31］艾兵，吴敏哲，郭棣等．4层宽肢异形柱框架结构的抗震性能试验［J］．工业建筑，2007，37（2）：11-13.

［32］Bridge R. Q. Concrete filled steel tubular colunms［R］. Report No. R283. School of

Civil Engineering, University of Sydney, Sydney, Australia, 1976.

[33] Tomii M. and Sakino K.. Experimental studies on the ultimate moment of concrete filled square steel tubular beam-columns [J]. Transactions of the Architectural Institute of Japan, 1979a, No. 275, Tokyo, Japan, 55‐63.

[34] Matsui C, Tsuda KI shibashi Y. Slender concrete filled steel tubular columns under combined compression and bending [C] //Structural Steel, PSSC95, 4th Pacific Structural Steel Conference-Steel Concrete Composite Structures, Singapore, 1995, 3: 29‐36.

[35] Cederwall K, Engstrom B, Grauers M. High-strength concrete used in composite columns [J]. High-Strength-concrete, 1997, SP 121‐11, 195‐210.

[36] O'Shea M. D., Bridge R. Q. Behaviour of thin-wailed box sections with lateral restraint [R]. Department of CiVil Engineering Research Report No. R739. the University of Sydney, Sydney, Australia, 1997d.

[37] Zhang W Z, Shahrooz B M. Comparison between ACI and AISC for concrete-filled tubular columns [J]. Journal of Structural Engineering, ASCE, 1999, 125 (11): 1213‐1223.

[38] Liang Q Q, Uy B. Theoretical study on the post-local buckling of steel plates in Concrete-filled boxcolumns [J]. Computers and Structures, 2000, 75 (5): 479‐490.

[39] Han L H, Zhao X L, Tao Z. Tests and mechanics model of concrete-filled shs stub columns, columns and beam-columns [J]. Steel&Composite Structures, 2001, 1 (1): 51‐74.

[40] 张正国. 方钢管混凝土偏压短柱基本性能研究 [J]. 建筑结构学报, 1989, 6: 10‐20.

[41] 李四平, 棋达等. 偏心受压方钢管混凝土柱极限承载力的计算 [J]. 建筑结构学报, 1998, 1: 41‐51.

[42] 张素梅, 周明. 方钢管约束下混凝土的抗压强度 [C] //中国钢协钢—混凝土组合结构协会第七次年会论文集. 1999: 14‐18.

[43] 吕西林, 余勇, 陈以一. 轴心受压方钢管混凝土短柱的性能研究: Ⅰ试验 [J]. 建筑结构, 1999, 10 (10): 41‐43.

[44] 陶忠. 方形截面钢管混凝土构件力学性能若干关键问题的研究 [D]. 哈尔滨: 哈尔滨工业大学, 2001.

[45] 韩林海, 杨有福. 矩形钢管混凝土轴心受压构件强度承载力的试验研究 [J]. 土木工程学报, 2001, 34 (4): 22‐31.

[46] 韩林海. 钢管混凝土结构. 北京: 科学技术出版社, 2000: 67‐72.

[47] 蒋涛, 沈之容. 矩形钢管混凝土轴压短柱承载力计算 [J]. 特种结构, 2002, 19 (2): 4‐6.

[48] 韩林海, 陶忠. 长期荷载作用下方钢管混凝土压弯构件承载力简化计算 [J]. 钢-

混凝土组合结构, 2003, 18 (67): 39-41.

[49] 李学平, 吕西林, 郭少春. 反复荷载下矩形钢管混凝土柱的抗震性能 I: 试验研究 [J]. 地震工程与工程振动, 2005, 25 (5): 95-103.

[50] 陆伟东, 吕西林. 方钢管混凝土柱截面承载力的计算 [J]. 南京建筑工程学院学报, 2000, 4 (55): 11-16.

[51] 沈祖炎, 黄奎生. 矩形钢管混凝土柱轴心受力构件的设计方法 [J]. 建筑结构, 2005, 35 (1): 5-6.

[52] Yoshimura K, Kikichi K, Kuroki M. Seismic shear strengthening method for existing R/C short columns [C] //Proceedings of the Third International Conference on Steel-Concrete Composite Structures, 1991: 677-682.

[53] Morino S, Kawaguchi J, Yasuzaki C, et al. Behavior of concrete filled steel tubular three-dimensional sub assemblages [J]. Composite Construction in Steel and Concrete II, 1993: 726-741.

[54] Teraoka M, Morita K. Experimental study on structural behavior of concrete-filled square tubular column in steel H-beam connections withoudiaphagm [C] //Proceeding of the 4th ASCCS International Conference on Steel-Concrete Composite Structures, 1994: 190-193.

[55] Sasaki S, Teraoka M, Morita K, et al. Structural behavior of concrete-filled square tubular column with partialpenetration weld corner seam to steel H-beam connections [C] //Shanmugam N E, Choo Y S. Proceedings of the 4th Pacific structural steel conference: Volume 2 structural connections. Singapore: Pergamon Press, 1995: 33-40.

[56] Toshiyuki Fukumoto, Koji Morita. Elastoplastic Behavior of Panel Zone in Steel Beam-to-Concrete Filled Steel Tube Column Moment Connections [J]. Journal of Structural Engineering, 2005, 131: 1841-1853.

[57] Yokoyama Y, Morita K, Kawamata Y, et al. Structural behavior of steel-beam to concrete filled square tube column connections reinforced with inner ring stiffener [C] //Proceedings of the Third International Conference on Steel-Concrete Composite Structures, 1991: 165-170.

[58] Masaru Teraoka, Kiji Morita. Structural Design of High rise Building Consists of Concrete Filled Square Tubular Column and Steel Composite Beams and Its Experimental Verification [C] //Tubular Structures 4th International Symposium, 1991: 392-401.

[59] Elremaily A., Azizinamini Atorod. Design provisions for connections between steel beams and concrete filled tube columns [J]. Journal of Constructional Steel Research, 2001, 17 (4): 971-995.

[60] Cheng Chin-Tung, Chung Lap-Loi. Seismic performance of steel beams to concrete-filled steel tubular column connections [J]. Journal of Constructional Steel Research, 2002,

30（4）：405-426.

[61] Fujimoto T, Rnar E, Tokinoya H, etc. Behavior of beam to column connection of CFT column system under seismic force [C] //Proceedings of 6th ASCCS international Conference on steel concrete composite structure. America：Dept. of Civil Engineeruy, Vniv of Southern California, Los Angeles, 2000：557-564.

[62] Kang C H, Shin K J, Oh Y S, etc. Hysteresis behavior of CFT column to H beam connections with external T-stiffeners and penetrated elements [J]. Engineering Structures, 2001,（23）：1194-1201.

[63] Ricles J M, Peng S W, Lu L W. Seimic behavior of composite concrete filled steel tube colume-wide flange beam moment conncetions [J]. Journal structural engineering ASCE, 2004, 130（2）：223-232.

[64] Shin KJ, Kim YJ, Oh YS, etc. Behavior of welded CFT column to H-beam connections with external stiffeners [J]. Engineering Structures, 2004,（26）：1877-1887.

[65] 周天华, 何保康, 陈国津. 方钢管混凝土柱与钢梁框架节点的抗震性能试验研究 [J]. 建筑结构学报, 2004, 25（1）：9-16.

[66] 王来, 王铁成, 邓芃. 方钢管混凝土框架内隔板节点抗震性能的试验研究 [J]. 地震工程与工程振动, 2005, 25（1）：76-80.

[67] 金刚, 丁浩民, 陈建斌. 方钢管混凝土结构内隔板式节点试验研究 [J]. 结构工程师, 2005, 21（4）：75-80.

[68] 聂建国, 秦凯. 方钢管混凝土柱节点抗剪受力性能的研究 [J]. 建筑结构学报, 2007, 28（4）：8-17.

[69] 聂建国, 秦凯, 刘嵘. 方钢管混凝土柱与钢 2 混凝土组合梁连接的内隔板式节点的抗震性能试验研究 [J]. 建筑结构学报, 2006, 27（4）：1-9.

[70] 王先铁, 郝际平, 周观根. 方钢管混凝土边柱节点抗震性能试验研究 [J]. 建筑结构学报, 2008, 29（3）：120-127.

[71] 李学平, 吕西林. 方钢管混凝土柱外置式环梁节点的联结面抗剪研究 [J]. 同济大学学报, 2002, 30（1）11-17.

[72] 陈志华, 苗纪奎. 方钢管混凝土柱—H 型钢梁外肋环板节点研究 [J]. 工业建筑, 2005, 35（10）：61-63.

[73] 王文达, 韩林海, 游经团. 方钢管混凝土柱—钢梁外加强环节点滞回性能的实验研究 [J]. 土木工程学报, 2006, 39（9）：17-26.

[74] 凡红, 徐礼华, 杜国锋. 方钢管混凝土柱—钢梁节点静力性能试验研究 [J]. 湖南大学学报（自然科学版）, 2007, 34（9）：11-15.

[75] 姜忻良, 苗纪奎, 陈志华. 方钢管混凝土柱—钢梁隔板贯通节点抗震性能试验 [J]. 天津大学学报, 2009, 42（3）：194-200.

[76] 王秀丽, 刘明路, 师伟. 新型方钢管混凝土柱与混凝土梁的节点破坏机理 [J].

兰州理工大学学报，2006，32（6）：131-135.

[77] 王先铁，郝际平，王丰平等. 锚定式方钢管混凝土柱与钢梁节点抗震性能试验研究［J］. 地震工程与工程振动，2007，27（5）：95-102.

[78] 宗周红，林于东，陈慧文. 方钢管混凝土柱与钢梁连接节点的拟静力试验研究［J］. 建筑结构学报，2005，26（1）：77-84.

[79] 王先铁，郝际平，周观根. 方钢管混凝土穿芯高强螺栓—端板节点滞回性能研究［J］. 建筑钢结构进展，2009，11（1）：33-37.

[80] 王先铁，郝际平，孙彤等. 新型方钢管混凝土梁柱节点抗震性能研究［J］. 重庆建筑大学学报，2007，29（2）：73-77.

[81] 王先铁，郝际平，孙彤等. 新型方钢管混凝土柱—钢梁节点抗震性能试验研究［J］. 地震工程与工程振动，2007，27（4）：67-73.

[82] 姚开明. 方钢管柱 H 型钢梁外套板式节点性能研究［D］. 天津：天津大学，2008.

[83] 苏恒强，蔡健，姚大鑫. 钢管混凝土加强环式节点的试验研究［J］. 华南理工大学学报（自然科学版），2004，32（1）：80-84.

[84] 熊维. 方钢管混凝土柱与 H 钢梁的两种新型刚性节点的承载力研究［D］. 天津：天津大学，2005.

[85] 于旭，刘伟庆，葛卫. 新型方钢管混凝土框架节点抗震性能试验研究［J］. 地震工程与工程振动，2004，24（6）：79-82.

[86] 王文达，韩林海，陶忠. 钢管混凝土柱—钢梁平面框架抗震性能的试验研究［J］. 建筑结构学报，2006，27（3）：48-58.

[87] 王文达. 钢管混凝土柱—钢梁平面框架的力学性能研究［D］. 福州：福州大学，2006.

[88] 李斌，任利民. 矩形钢管混凝土框架结构受力性能试验研究［J］. 工业建筑，2008，38（11）：97-105.

[89] 任利民. 矩形钢管混凝土框架结构抗震性能研究［D］. 内蒙古：内蒙古科技大学，2007.

[90] 王来，邓芃. 低周反复荷载下方钢管混凝土框架滞回性能的试验研究［J］. 钢结构，2004 增刊：176-180.

[91] 史丙成. 方钢管混凝土框架滞回性能理论与试验研究［D］. 山东：山东大学，2003.

[92] 王先铁，郝际平，周观根. 两层两跨方钢管混凝土框架抗震性能试验研究［J］. 地震工程与工程震动，2010，30（3）：70-76.

[93] 杜国锋，徐礼华，徐浩然等. 钢管混凝土 T 形短柱轴压力学性能试验研究［J］. 华中科技大学学报（城市科学版），2008，25（3）：188-190.

[94] 杜国锋，徐礼华，徐浩然等. 钢管混凝土组合 T 形短柱轴压力学性能研究［J］.

西安建筑科技大学学报（自然科学版）2008，40（4）：549-555.

[95] 徐礼华，徐浩然，杜国锋等．组合 T 形截面钢管混凝土构件抗剪性能试验研究 [J]．工程力学，2009，26（12）：142-149.

[96] 林震宇，沈祖炎，罗金辉．反复荷载作用下 L 形钢管混凝土柱滞回性能研究[J]．建筑钢结构进展，2009，11（2）：12-17.

[97] 王丹，吕西林．T 形、L 形钢管混凝土柱抗震性能试验研究 [J]．建筑结构学报，2005，26（4）：39-44.

[98] 李国强，陆烨，李元齐．钢结构研究和应用的新进展：第三届结构工程新进展国际论坛文集 [M]．北京：中国建筑出版社，2009：77-88.

[99] Knowles R B, Park R. Strength of concrete-filled steel tubular columns ［J］. Journal of Structural Division, ASCE, 1969, 95（2）: 2565-2587.

[100] Ge H, Usami T. Strength of concrete-filled thin-walled steel box columns ［J］. Journal of Structural Engineering, 1992, 118（11）: 3036-3054.

[101] Huang C S, Yeh Y K, Liu G Y, et al. Axial load behavior of stiffened concrete-filled steel columns ［J］. Journal of Structural Engineering, ASCE, 2002, 128（9）: 1222-1230.

[102] Xiao Yan, He Wenhui, Kang-kyu Choi. Confined concretefilled tubular columns ［J］. Journal of Structural Engineering, ASCE, 2005, 131（3）: 488-497.

[103] 蔡健，何振强．带约束拉杆方形钢管混凝土的本构关系 [J]．工程力学，2006，23（10）：145-150.

[104] 何振强，蔡健．带约束拉杆方形钢管混凝土偏压短柱的试验研究 [J]．华南理工大学学报（自然科学版），2006，34（2）：107-111.

[105] 何振强，蔡健．带约束拉杆方形钢管混凝土轴压短柱的承载力计算 [J]．工业建筑，2008，38（3）：12-15.

[106] 何振强，蔡健．带约束拉杆方形钢管混凝土柱的设计方法与施工要求 [J]．广东建材，2007，（8）：122-124.

[107] 蔡健，何振强．带约束拉杆方形钢管混凝土柱偏压性能 [J]．建筑结构学报，2007，28（4）：25-35.

[108] 蔡健，龙跃凌．带约束拉杆矩形钢管混凝土的本构关系 [J]．工程力学，2008，25（2）：137-143.

[109] 蔡健，何振强，陈星．带约束拉杆矩形钢管混凝土短柱轴压性能的试验 [J]．工业建筑，2007，37（3）：75-80.

[110] 龙跃凌，蔡健．带约束拉杆矩形钢管混凝土柱的偏压性能 [J]．华南理工大学学报（自然科学版），2008，36（12）：21-27.

[111] 姚晋华．带约束拉杆异形钢管柱高性能混凝土 24 米高抛浇筑施工方法 [J]．广东建材，2009，（4）：91-93.

[112] 孙刚，康香萍，蔡 健．方形钢管混凝土的本构关系［J］．科学技术与工程，2007，7（23）：6090-6095.

[113] 金雪峰，张学文，蔡健等．方形钢管混凝土钢管壁弹性屈曲分析［J］．钢结构，2007，22（100）：17-19.

[114] 金雪峰，张学文，蔡健．方形钢管混凝土轴压柱局部屈曲性能的研究［J］．合肥工业大学学报（自然科学版），2007，30（7）：885-887.

[115] 蔡健，孙刚．方形钢管约束下核心混凝土的本构关系［J］．华南理工大学学报（自然科学版），2008，36（1）：105-109.

[116] 孙继臣，蔡健．核心高强钢管混凝土柱轴心受压的机理及计算［J］．山西建筑，2008，34（11）：11-12.

[117] 蔡健，谢晓锋，杨春等．核心高强钢管混凝土柱轴压性能的试验研究［J］．华南理工大学学报（自然科学版），2002，30（6）：81-85.

[118] 杨春，蔡健，张学文等．劲性钢管混凝土组合柱轴压性能试验研究［J］．东南大学学报（自然科学版），2002，32（5）：715-718.

[119] 龙跃凌，蔡健．带约束拉杆 L 形钢管混凝土短柱轴压性能的试验研究［J］．华南理工大学学报（自然科学版），2006，34（11）：87-92.

[120] 蔡健，孙刚．轴压下带约束拉杆 L 形钢管混凝土短柱的试验研究［J］．土木工程学报，2008，41（9）：14-20.

[121] 陈宝春，黄福云，盛 叶．钢管混凝土哑铃形短柱轴压试验研究［J］．工程力学，2005，22（1）：187-194.

[122] 韦建刚，王加迫，陈宝春．钢管混凝土哑铃形拱肋设计刚度取值问题研究［J］．福州大学学报（自然科学版），2007，35（4）：582-587.

[123] 韦建刚，陈宝春，肖泽荣．钢管混凝土哑铃形偏心受压短柱极限承载力的修正格构式算法［J］．福州大学学报（自然科学版），2004，32（5）：603-607.

[124] 陈宝春，肖泽荣，韦建刚．钢管混凝土哑铃形偏压构件试验研究［J］．工程力学，2005，22（2）：89-95.

[125] 陈宝春，盛叶．钢管混凝土哑铃形轴压长柱极限承载力研究［J］．工程力学，2008，25（4）：121-133.

[126] 盛叶，陈宝春，韦建刚．新型钢管混凝土哑铃形偏压短柱试验研究［J］．福州大学学报（自然科学版）2007，35（2）：276-280.

[127] 陈志华，李振宇，荣彬等．十字形截面方钢管混凝土组合异形柱轴压承载力试验［J］．天 津大学学报，2006，39（11）：1275-1281.

[128] 王秀丽，师伟，刘明路．方钢管混凝土柱十字形节点力学性能试验研究［J］．甘肃科学学报，2006，18（2）：103-107.

[129] 唐九如．钢筋混凝土框架节点抗震［M］．南京：东南大学出版社，1998：2-15.

[130] CECS 159：2004 矩形钢管混凝土结构技术规程［S］．北京：中国建筑工业出版

社，2004：27-38.

[131] Sasaki Satoshi, Teraoka Masaru, Koji Morita, et al. Structural behavior of concrete filled square tubular column with partial penetration weld corner seam to steel H-beam connection [C] //Proceedings of the 4th Pacific Structural Steel Conference：Volume 2：Structural Connections. Singapore：Pergamon Press, 1995：33-40.

[132] 中国建筑科学研究院. 金属材料室温拉伸试验方法 GB 6397—86 [S]. 北京：中国建筑工业出版社, 1986.

[133] 中国建筑科学研究院. 钢及钢产品力学性能试验取样位置及试样制备 GB/T 2975—1998 [S]. 北京：中国建筑工业出版社, 1998.

[134] 中国建筑科学研究院. 混凝土结构试验方法标准 GB 50152—92 [S]. 北京：中国建筑工业出版社, 1992.

[135] 中国建筑科学研究院. 普通混凝土力学性能试验方法标准 GB/T 50081—2002 [S]. 北京：中国建筑工业出版社, 2002.

[136] 中国建筑科学研究院. 混凝土结构设计规范 GB 50010—2002 [S]. 北京：中国建筑工业出版社, 2002.

[137] 门式钢架轻型房屋钢结构技术规程 CECS 102：2002 [S]. 北京：中国建筑工业出版社, 2002：42-44.

[138] 王玉雷. 低周反复荷载作用下混凝土框架边节点性能试验研究 [D]. 哈尔滨：哈尔滨工业大学, 2010.

[139] 李红超, 贾连光, 王瑞峰. 蜂窝式钢框架梁柱节点抗震性能试验研究 [J]. 全国钢结构学术年会论文集, 2010.

[140] 熊丹安. 轻板框架板-柱抗震节点的 P-Δ 曲线及延性 [J]. 武汉建材学院学报, 1982, (3)：355-378.

[141] 秦新刚, 徐明. P-Δ 效应对框架节点抗震性能影响的研究 [J]. 工程力学（增刊）, 1996, 521-524.

[142] 中国建筑科学研究院. 建筑抗震试验方法规程 JGJ101—96 [M]. 北京：中国建筑工业出版社, 1996.

[143] 王秀丽, 殷占忠, 李庆福等. 新型钢框架梁柱节点延性性能试验研究 [J]. 钢结构, 2004, 19 (6)：8-11.

[144] 矩形钢管混凝土结构技术规程 CECS 159：2004 [S]. 北京：中国建筑工业出版社, 2004：27-38.

[145] 薛建阳, 刘义, 赵鸿铁等. 型钢混凝土异形柱框架节点抗震性能试验研究 [J]. 建筑结构学报, 2009, 30 (4)：69-77.

[146] 施刚, 石永久, 王元清. 钢结构梁柱连接节点域剪切变形计算方法 [J]. 吉林大学学报：工学版, 2006, 36 (4)：462-466.

[147] 聂建国, 秦凯. 方钢管混凝土柱节点抗剪受力性能的研究 [J]. 建筑结构学报,

2007, 28 (4)：11-14.

[148] 王万祯. 钢框架梁柱栓焊刚性连接的滞回性能、破坏机理及抗震设计建议[D].
西安：西安建筑科技大学, 2003：44-52.

[149] 李斌, 高春彦. 矩形钢管混凝土框架节点抗震性能试验研究 [J]. 工程力学,
2007, 24 (2)：177-181.

[150] Chen C C, Lin C C, Tsai C L. Evaluation of reinforced connections between steel
beams and box columns [J]. Engineering Structures, 2004, 26 (10)：1889-1904.

[151] 郝际平, 钟炜辉. 薄壁杆件的弯曲与扭转 [M]. 北京：高等教育出版社, 2006：
36-47.

[152] 郭子雄, 杨 勇. 恢复力模型研究现状及存在问题 [J]. 世界地震工程, 2004,
20 (4)：47-53.

[153] RambergW, Osgood W R. Description of steel strain curve by three parameters [R].
Tech. Note 902, National Advisory Committee for Aeronautics, July, 1943.

[154] Penizen J. Dynamic response of elasto-plastic frames [J]. Journal of Structural Divi-
sion, ASCE, 1962, 88 (ST7)：1322-1340.

[155] Singh A, Gerst le K H, et al. The behavior of reinforcing steel under reversal loading
[J]. Journal of ASTM Materials Research and Standards, 1965, 5 (1)：12-17.

[156] Baker A L L, Amarakone A M N. Inelastic hyperstatic frames analysis [C] // Proc.
Int. Symp. On the Flexural Mechanics of Reinforced Concrete. ASCE-ACI, Nov. 1964
Miami, USA.

[157] Roy H E H, SozenM A. Ductility of concrete [C] // Proc. Int. Symp. On the Flexur-
al Mechanics of Reinforced Concrete. ASCE-ACI, Nov. 1964 Miami, USA.

[158] Soliman M T M, Yu C W. The flexural stress-strain relationship of concrete confined by
rectangular transverse reinforcement [J]. Magazine of Concrete Research, 1967, 19
(61)：253-262.

[159] Iyengar KT R J, Desayi P, et al. Stress-strain characteristics of concrete confined by
steel binders [J]. Magazine of Concrete Research, 1970, 22 (2)：173-184.

[160] Kent D C, Park R. Flexural members with confined concrete [J]. Journal of Structur-
al Division, ASCE, 1971, 97 (ST7)：1969-1990.

[161] Penizen J. Dynamic response of elasto-plastic frames [J]. Journal of Structural Divi-
sion, ASCE, 1962, 88 (ST7)：1322-1340.

[162] Clough R W, Johnston S B. Effect of stiffness degradation on earthquake ductility re-
quirements [C] //Proc. 2th Jappan Earth. Engng. Symp. 1966, Tokyo Japan.

[163] Takeda T, Sozen M A, Nielson N N. Reinforced concrete response to simulated earth-
quakes [J]. Journal of Structural Division, ASCE, 1970, 96 (ST12)：2557-2572.

[164] Park Y J, Reinhorn A M, Kunnath S K. IDARC: inelastic damage analysis of reinforced

concrete frame-shear-wall structures［R］．Technical Report，No．NCEER-87-0008，State Univ. of New York，1987.

［165］邢国华．钢筋混凝土框架变梁异型节点破坏机理及设计方法研究［D］．西安：长安大学，2009.

［166］曾磊．型钢高强高性能混凝土框架节点抗震性能及设计计算理论研究［D］．西安：西安建筑科技大学，2008.

［167］武振宇，陈鹏，王渊阳．T形方管节点滞回性能的试验研究［J］．土木工程学报，2008，41（12）：8-13.

［168］石永久，苏迪，王元清．考虑组合效应的钢框架梁柱节点恢复力模型研究［J］．世界地震工程，2008，24（2）：15-20.

［169］徐亚丰，汤泓，陈兆才等．钢骨高强混凝土框架节点恢复力模型的研究［J］．兰州理工大学学报，2004，30（5）：116-118.

［170］武振宇，陈鹏，王渊阳．T形方管节点滞回性能的试验研究［J］．土木工程学报，2008，41（12）：8-13.

［171］彭亚萍，王铁成．FRP增强混凝土框架节点恢复力模型［J］．江苏大学学报（自然科学版），2010，31（1）：98-103.

［172］沈聚敏，王传志，江见鲸．钢筋混凝土有限元与板壳极限分析［M］．北京：清华大学出版社，1993：13-30.

［173］吕西林，吴晓涵．钢筋混凝土结构非线性有限元分析［M］．上海：同济大学出版社，1997：22-28.

［174］江见鲸．钢筋混凝土结构非线性有限元分析［M］．西安：陕西科学技术出版社，1994：44-51.

［175］吴文平，黄炳生，樊建慧．3种不同钢管混凝土本构关系模型研究［J］．四川建筑科学研究，2009，35（6）：19-23.

［176］于清，陶忠，陈志波等．钢管约束混凝土纯弯构件抗弯力学性能研究［J］．工程力学，2008，25（3）：187-193.

［177］郭智峰．钢管约束混凝土柱—钢筋混凝土梁节点力学性能研究［D］．兰州：兰州理工大学，2010.

［178］肖岩，黄叙．圆钢管混凝土轴压短柱弹塑性全过程分析［J］．建筑结构学报，2011，32（12）：105-201.

［179］凡红，徐礼华，杜国锋．方钢管混凝土柱—钢梁节点静力性能试验研究［J］．湖南大学学报（自然科学版），2007，34（9）11-15.

［180］张大长，韩丽婷，孙伟民等．节点加强后钢筋混凝土梁柱节点剪切性能的二维有限元分析［J］．建筑结构学报，2005，26（3）：98-106.

［181］赵红梅．钢梁—钢骨混凝土柱节点的非线性有限元分析［D］．北京：北京工业大学，2002.

[182] 杜建军，王毅红．方钢管混凝土结构芯钢管节点的有限元分析［J］．基建优化，2006，27（2）：87-90.

[183] 唐珉，蔡健．新型钢管混凝土柱—平板节点的非线性有限元分析［J］．华南理工大学学报（自然科学版），2003，31（6）：15-19.

[184] 曾恒．钢管混凝土环梁节点的受力性能分析［D］．成都：西南交通大学，2010.

[185] 王秀丽，王建群．钢管混凝土柱与翼缘削弱型钢梁连接节点的有限元分析［J］．工业建筑，2005，增刊：1282-1286.

[186] 黄炳生，杜培源，樊建慧．方钢管混凝土柱—钢梁外隔板式节点非线性有限元分析［J］．四川建筑科学研究，2009，35（1）：59-64.

[187] 刘明路，杜云晶，王秀丽．新型方钢管混凝土柱梁节点有限元分析［J］．低温建筑技术，2008，（6）：68-70.

[188] 凡红，邹万山．某方钢管混凝土柱钢梁节点非线性有限元分析［J］．三峡大学学报（自然科学版），2010，32（1）：43-47.

[189] 郑懿，杨俊杰，王森军．轴压比对梁柱节点抗剪强度影响的分析［J］．浙江工业大学学报，2007，35（5）：564-567.

[190] 周天华，郭彦利，卢林枫．方钢管混凝土柱—钢梁节点的非线性有限元分析［J］．西安建筑科技大学学报，2005，25（3）：283-288.

[191] 余杰，周永明，吴文平．方钢管混凝土柱—钢梁节点参数分析［J］．低温建筑技术，2009，（11）：51-53.

[192] 周翔．轴压比系数对无粘结部分预应力扁梁节点抗震性能影响研究［D］．福州：福州大学，2004.

[193] 于洁，陈玲俐．钢筋混凝土框架节点抗震性能研究进展［J］．世界地震工程，2010，26（2）：151-159.

[194] 李科．钢筋混凝土框架梁柱节点加固试验研究［D］．兰州：兰州理工大学，2010.

[195] 王磊．钢纤维高强混凝土框架边节点抗震性能［D］．郑州：郑州大学，2010.

[196] 王玉雷．低周反复荷载作用下混凝土框架边节点性能试验研究［D］．哈尔滨：哈尔滨工业大学，2010.

[197] 姚晁贵．RC框架变梁变柱异型中节点抗震性能试验研究［D］．西安：长安大学，2009.

[198] 唐王龙．RC框架变梁异型中节点试验研究及机理分析［D］．西安：长安大学，2010.

[199] 杨乐．钢筋混凝土框架变梁异型节点抗震性能试验研究［D］．西安：长安大学，2008.

[200] 高爽．钢筋混凝土框架变梁异型中节点受力机理及构造设计研究［D］．西安：长安大学，2010.

［201］何微. 钢筋混凝土框架错层节点抗震性能研究［D］. 西安：长安大学，2010.

［202］矩形钢管混凝土结构技术规程 CECS159：2004［S］. 北京：中国建筑工业出版社，2004：27-38.

［203］周天华. 方钢管混凝土柱—钢梁框架节点抗震性能及承载力研究［D］. 西安：西安建筑科技大学，2004.

［204］韩林海，钟善桐. 钢管混凝土力学［M］. 大连：大连理工大学出版社，1996：62-74.

［205］于峰，牛荻涛，武萍. 约束混凝土性能研究［J］. 混凝土，2006，（12）：15-17.

［206］许海峰. 约束混凝土柱性能研究与进展［J］. 福建建筑，2008，（12）：37-39.

［207］王湛. 约束膨胀混凝土的力学性能分析［J］. 哈尔滨建筑大学学报，2000，33（3）：74-77.

［208］蔡健，孙刚. 方形钢管约束下核心混凝土的本构关系［J］. 华南理工大学学报（自然科学版），2008，36（1）：105-109.

［209］黄平明，卓静. 受箍混凝土力学机理的研究［J］. 华东公路，2000，（1）：26-29.

［210］丁发兴，余志武. 圆钢管套箍混凝土轴压短柱受力机理分析［J］. 中国铁道科学，2006，27（6）：32-36.

［211］关宏波. GFRP 套管钢筋混凝土组合结构的研究［D］. 大连：大连理工大学，2011.

［212］聂建国，秦凯. 方钢管混凝土柱节点抗剪受力性能的研究［J］. 建筑结构学报，2007，28（4）：11-14.

［213］Toshiyuki Fukumoto, Koji Morita. Elastoplastic behavior of panel zone in steel beam-to-concrete filled steel tube column moment connections［J］. Journal of Structural Engineering, 2005, 131: 1841-1853.

［214］Elremaily A, Azizinamini A. Design provisions for connections between steel beams and concrete filled tube columns［J］. Journal of Constructional Steel Research, 2001, 17（4）: 971-995.

［215］Architectural Institute of Japan（AIJ）. Design guidelines for earthquake resistant reinforced concrete building based on ultimate strength concept［S］. Tokyo（in Japanese），1990.

［216］韩林海，钟善桐. 钢管混凝土纯扭转问题研究［J］. 工业建筑，1995，25（1）：7-13.

［217］韩林海. 钢管混凝土压扭构件工作机理研究［J］. 哈尔滨建筑工程学院学报，1994，27（4）：35-40.

［218］尧国皇. 钢管混凝土构件在复杂受力状态下的工作机理研究［D］. 福州：福州大学，2006.

［219］陈宝春，李晓辉. 钢管混凝土（单圆管）约束扭转试验研究［J］. 福州大学学

报（自然科学版），2008，36（5）：735-739.

附录1 攻读博士学位期间发表的学术论文

[1] 薛建阳，陈茜，周鹏等．矩形钢管混凝土异形柱—钢梁框架节点受剪承载力研究
[J]．建筑结构学报，2012，33（8）：52-58.（EI 检索）

[2] 周鹏，薛建阳，陈茜等．矩形钢管混凝土异形柱—钢梁框架节点抗震性能试验研究
[J]．建筑结构学报，2012，33（8）：59-68.（EI 检索）

[3] 薛建阳，陈茜，葛广全等．矩形钢管混凝土异形柱—钢梁节点抗震性能试验研究
[J]．哈尔滨工业大学学报，2011，43（2）：255-259.（EI 检索）

[4] Chenxi. Stress transferring mechanism and the bearing capacity of joints between concrete-filled square steel tubular special-shaped columns and steel beams [J]. Applied Mechanics and Materials, 2011, 105（2）：926-930.（EI 检索）

[5] Chenxi. Design and use of joints between concrete-filled square steel tubular special-shaped columns and steel beams [J]. Key Engineering Materials.

附录2 攻读博士学位期间申报及获得的国家专利

[1] 矩形钢管混凝土异形柱—钢梁框架中节点（实用新型专利）
专利号：ZL201120262225.6 研制人：薛建阳，陈茜，葛广全，侯文龙

[2] 矩形钢管混凝土异形柱—钢梁框架边节点（实用新型专利）
专利号：ZL201120262396.9 研制人：薛建阳，陈茜，葛广全，侯文龙

[3] 矩形钢管混凝土异形柱—钢梁框架角节点（实用新型专利）
专利号：ZL201120262266.5 研制人：薛建阳，陈茜，葛广全，侯文龙